真正的成熟

是修炼好你的

Real maturity

分寸\感

许昭华◎著

台海出版社

图书在版编目(CIP)数据

真正的成熟,是修炼好你的分寸感 / 许昭华著. — 北京：台海出版社, 2017.11

ISBN 978-7-5168-1591-5

Ⅰ.①真… Ⅱ.①许… Ⅲ.①成功心理–通俗读物 Ⅳ.①B848.4–49

中国版本图书馆 CIP 数据核字(2017)第 241897 号

真正的成熟,是修炼好你的分寸感

著　者:许昭华

责任编辑:王　萍

装帧设计:芒　果　　　　　版式设计:通联图文

责任校对:王　杰　　　　　责任印制:蔡　旭

出版发行:台海出版社

地　　址:北京市东城区景山东街 20 号　　邮政编码：100009

电　　话:010-64041652(发行,邮购)

传　　真:010-84045799(总编室)

网　　址:www.taimeng.org.cn/thcbs/default.htm

E - mail:thcbs@126.com

经　　销:全国各地新华书店

印　　刷:北京鑫瑞兴印刷有限公司

本书如有破损、缺页、装订错误,请与本社联系调换

开　　本:880mm×1230 mm　　　1/32

字　　数:170 千字　　　　　印　　张:7.75

版　　次:2017 年 11 月第 1 版　　印　　次:2017 年 11 月第 1 次印刷

书　　号:ISBN 978-7-5168-1591-5

定　　价:38.00 元

1

"你一个月收入多少？"

"你平时做什么，晚上无聊的时候干什么啊？"

"你是不是把我设置分组了，为什么TA能看到你的朋友圈我不能？"

"为什么TA问你你就回答，我问你你就不肯说啊？"

……

如果有人问你类似的问题，你怎么回答？内心又有什么感想？尴尬？无奈？不舒服？

但是，想一想，你是否也曾经这样"没轻没重"地提出这些问题，想拉近彼此的距离？

是，你想要走近对方的世界，你热情地抛出一个又一个问题，不想让气氛冷却；可是，你却忘记了，不窥探别人的隐私是起码的教养——哪怕对方是自己的朋友。

聪明的人，都懂得保持分寸感。

要有分寸感，就得有点"自知之明"。

也就是知道，在别人心目中你有怎样的位置，这样的位置决定你可以做的是什么，不可以做的是什么。

2

我见过很多口无遮拦的人，他们总是有意无意地触及别人的禁区，在相处的分寸上犯下巨大的错误。比如探问别人的隐私，当众揭对方的伤疤，以及张扬对方难以启齿的缺陷等。

若使被批评者下不了台，面子上过不去，他难以接受，自尊心被你伤害，自然就会漠视你们的关系。就算拜把子的兄弟，今后也可能在背后捅你一刀——这是双方都缺乏理智的结果。

你若和没有分寸的人成为伙伴，你自己也会变得没有分寸；和喜欢强人所难的人成为朋友，你也会变得和TA一样，从TA身上接收这些让人讨厌的负能量。

说话小心一些总是没有错的，这体现了谨言慎行的好品格。这是前辈无数经验、教训换来的，也是向他人学习的结果——三思而言，察定而后动，才能显示涵养而且受人欢迎。

一个总是说错话的人，不但容易让人觉得缺少头脑，而且显得浅薄和俗气。上天给了我们一张嘴巴和两只耳朵，就是让我们多听少说，多去观察而不是总出风头。

三毛有两句关于朋友的话，我很喜欢。

一句是：朋友还是必须分类的——例如图书，一架一架混不得。过分混杂，匆忙中急着找，往往找错类别。

另一句是：朋友再亲密，分寸不可差失，自以为熟，结果反生隔离。

是的，没有分寸感的友情，都是不会长久的。

3

人生，最难把握的也是"分寸感"。

用最简单的话说，分寸就是"尺度"，是一种决定自己站在什么位置的能力。

当你学会了定位，知道自己擅长干什么，应该干什么，在和伙伴的比较中有了自己的理想，形成了自己的个性，你就明白了什么叫分寸，做人和做事就具有了一种收放自如的力量。这往往是个人生命长河中的重要分水岭，是一个人成熟的标志。

因为你会发现做事最关键的地方不是能不能做成功，而是你能把事情做到何种程度。

这个世界上，任何事情都需要衡量。每一天，分寸都无处不在、无处不有，它决定着我们的心态是否从容，脚步是否稳重有力，前途是否光明远大。比如人际关系需要把握分寸，成就事业需要把握分寸，制订计划需要把握分寸，评价朋友和学习总结都需要把握分寸。

我们想要的人生既是目的更是过程，其中的成败与兴衰、得意与失意，都在分寸二字中见到分晓。你只有懂得如何折中取度，才能达到做人做事的最高境界。做事做到恰到好处，是人生的必备学问。

愿你在本书中，掌握自己的人生尺度，学习到人生长跑的技巧。

目 录

CONTENTS

三　只有控制狂才会"掘地三尺"　　/ 53

　　所有的关系，都不宜过分亲密。甚至是与自己的父母孩子的关系。每个独立个体都需要隐私，每种关系都需要一点距离感。

六　爱情终究不是人生的全部　　　　　　/ 145

当你年轻时，你觉得爱情可能是你人生的全部，但是慢慢你发现，爱情它其实不是人生的全部，它可能是让我们流了最多的眼泪，花了我们最多的青春，但是它终究不是人生中最重要的一部分。

七　谈钱的时候要大方豁达　　　　　　　/ 171

当你不把钱当成是人生大事的时候，你谈论起这件事，也会变得不自觉地豁达、从容；当你不把钱当成自己唯一追求的时候，你就不会那么斤斤计较。有钱的人各式各样，而通过谈论钱的方式，你也能看到人的修养、分寸，不是吗？

该大方谈钱的时候别扭捏，不该窥探别人荷包的时候，就不要穷追不舍。

八 你我无间，但要有分寸 / 205

　　真正掌握分寸感的方法，也许需要你自己去体验。但千万种方法，最终都只是指向一个目的：你和他人达到彼此都舒服的状态。愿今后，聪明如我们，都懂分寸，但不逾矩，为人热情，但不过于热情，恰如其分地站立，把一切交给时间和彼此，然后顺其自然。

一

要么不说话，要么放低自己

　　如果拿捏不住自己的分寸，我们
最好先不说。言多必失，如果不得已
发表意见，也只在别人要求你说话的
时候说话。

在不了解情况时，请"亏待"一下你的嘴

1

在某一次朋友聚会上，小梅讲起她大学一位教授的秘密时说："我们那个哲学老师特别'色'。听说他有三个老婆，一个在香港，一个在加拿大，另外一个就是现在和他在一起的妻子。我们毕业的那段时间，又听说他要离婚，打算娶我们学校的一个女老师。"

陈菲实在憋不住了就问："你为什么这么清楚？"

小梅说："大家都知道啊。"

"大家是谁？"

"学生们呐。"

直到后来，陈菲问她道："小梅，你知道我是谁吗？"

小梅有些迷惑，说："你不是陈菲吗？"

"我就是那位教授的女儿！"

小梅窘住了。

你要明白的一点就是，你所知道的关于别人的事情不一定可靠，也许另外还有许多隐情你不曾了解。如果你贸然拿你所听到的片面之言宣扬，不是颠倒是非，就是混淆黑白。话说出

口就收不回来了,一旦事后你彻底地明白了真相,你还能进行更正吗?

事实上人与人之间的关系大半都是如此复杂,因此,在与人聊天中,你若不知事情所包含的内幕,就不要信口开河。

2

总公司的市场经理祝彦初次来办事处指导工作,中午请部门同事一起吃饭,席间谈起一位刚刚离职的副总韩绍华,入职不久的李乐心直口快地说韩绍华脾气不好,很难相处。

其他同事急忙打圆场,祝彦说:"是吗,是不是她的工作压力太大造成心情不好?"李乐说:"我看不是,三十多岁的女人嫁不出去,既没结婚也没男朋友,老处女都是这样心理变态。"

闻听此言,刚才还争相发言的人都闭上了嘴巴。因为,除了李乐,那些在座的老员工可都知道:祝彦也是待字闺中的老姑娘!好在一位同事及时扭转话题,才掩盖了祝彦隐隐的难堪,而事后得知真相的李乐则为这句话后悔了好久。

特别是与初次见面或不是十分熟识的朋友接触时,我们对谈话内容一定要加以甄选,不能口不择言,随便说话,必要时要保持沉默。一旦因为对对方不了解而触犯了他的忌讳,就会造成难以挽回的结果。

3

张萌大学毕业后在一家私企做技术专员，一天在办公室里和同事聊天，偶然聊起了做上司好，还是做员工好的问题。张萌就说："要我选择，我还是选择做员工，做上司也挺累的。比如我们的顶头上司吧！他的上头还有领导，别看在我们面前很牛，在他的上司面前，不还是要点头哈腰的？和一条狗一样。一个人两种姿态，怎么想怎么别扭！"

张萌的同事笑着说："但是，人家的工资比咱们高呀！人家有权力，咱没有呀！"听到这里张萌不屑地说："那都是一时的，我说呀，要是哪天公司不行了，第一个该辞退的就是他！因为他比我们拿的工资多，但是技术上的东西却一点不懂！你说哪天公司不行了，公司是要他，还是要我们？"

张萌以为听到这话同事们都会笑起来随声附和，结果却发现没有一个人在笑，大家都在认认真真地低头干活。张萌没有发现此时正站在她身后的上司，还在说："你们别不信，我有个朋友开的公司就是这样，前期做领导的一个个都牛得不行，当公司陷入低谷，第一个倒霉的就是那些做领导的！"

张萌说得激动，手一挥正好打在上司身上，一转头，上司正怒气冲冲地对着她。张萌心里顿时凉了一截。

张萌的上司不动声色地宣布："我是来向大家宣布一个消息的：刚才总经理开会说我们要在两个月内裁员两名，我想，我们大家都挺努力的，裁谁好呢？"这时张萌发现大家的眼光竟然一起指向了她。果然不到两个月,张萌就被辞退了。此时张萌才明白,不管在哪里,提上司的软肋都是致命的错误!

4

说不准听你说话的人,就是你要贬低的对象,如果这个人又是你即将合作的客户,或者你的领导的某位亲戚,那么你无意间为你的事业设置了一个障碍。

在和别人交谈时,听别人说了一半的话,便开始发表自己的见解,殊不知,你听到的只是上文,下文才是对方真正要表达的意思。

或者,在某些场合,你口无遮拦地说了一大堆别人的不是,没想在场的人中,正好也有相似的缺点,在你滔滔不绝地对此大加发表你的看法的时候,别人其实早已对你产生不满,甚至对你恶语反击。

还有些人,喜欢把听来的小道消息添油加醋地到处宣扬,虽然你并没有恶意,可是你在不经意中已经给别人造成了极大的伤害。这个时候,你再想挽回,已经为时太晚,你将因此失去别人的信任和友谊。

语言是人类交往的工具,我们依赖语言这个工具相互沟通,表达我们的情感,但它同时也是误会和争吵的开端。

一天之中,你的每一句话不可能都是经过思索才说出口的,对那些与你关系不大的人,乱开几句玩笑,随便说点笑话,可能不会产生什么严重的"后果",可假若对方是你的爱人、你的上司、你的客户，一切都不同了。任何不经大脑而"随便说说"的话，都有可能给你的家庭或者事业带来麻烦。

所以，请"亏待"一下你的嘴巴，在不了解情况的时候，千万不要信口开河、搬弄是非。

对一个人说"你错了"的后果

1

当我们犯了错误时，并非意识不到犯了错误，只是顽固地不肯承认而已。所以，当你对一个人说"你错了"时，必然撞在他固执的墙上。

现在具有逻辑性思考能力的人很少。我们多数人都具有武断、固执、嫉妒、猜忌、恐惧和傲慢等缺点，所以我们很难向别人承认自己错了。

而且，一个人说错话或者做错事，总是有原因的，所以他们即使明知自己错了，也会强调客观原因，认为错得有理。

有一位先生，请一位室内设计师为他的居所布置一些窗帘。当账单送来时，他大吃一惊，意识到在价钱上吃了很大的亏。

过了几天，一位朋友来看他，问起那些窗帘时，说："什么？太过分了。我看他占了你的便宜。"

这位先生却不肯承认自己做了一桩错误的交易，他辩解说："一分钱一分货，贵有贵的价值，你不可能用便宜的价钱买到高品质又有艺术品位的东西……"

结果，他们为此事争论了一个下午，最后不欢而散。

2

当我们不愿承认自己错了的时候，完全是情绪作用，跟事情本身已经没有关系。

当我们错的时候，也许会对自己承认。如果对方处理得很巧妙而且和善可亲，我们也会对别人承认，甚至以自己的坦白直率而自豪。但如果有人想把难以下咽的事实硬塞进我们的食道——那我们是决不肯接受的。

既然我们自己是这种习性，那么就可以理解别人也具有同样的习性，因此不要把所谓的"正确"硬塞给他。

正如罗宾森教授在他的《下决心的过程》中所说：

"我们有时会在毫无抗拒或热情淹没的情形下改变自己的想法，但是如果有人说我们错了，反而会使我们迁怒对方，更固执己见。我们会毫无根据地形成自己的想法，但如果有人不同意我们的想法时，反而会全心全意维护我们的想法。显然不是那些想法对我们珍贵，而是我们的自尊心受到了威胁……

'我的'这个简单的词，是做人处世的关系中最重要的，妥善运用这两个字才是智慧之源。不论说'我的'晚餐，'我的'狗，'我的'房子，'我的'父亲，'我的'国家或'我的'上帝，都具备相同的力量。我们不但不喜欢说我的表不准，或我的车太破旧，也讨厌别人纠正我们对火车的知识……我们愿意继续相信以往惯于相信的事，而如果我们所相信的事遭到了怀疑，我们就会找借口为自己的信念辩护。结果呢，多数我们所谓的推理，变成找借口来继续相信我们早已相信的事物。"

3

有一位汽车代理商，在处理顾客的抱怨时，常常冷酷无情，决不肯承认是自己这方面的错误，总想证明问题的根源是顾客在某些方面犯了错误。结果，他每天陷于争吵和官司纠纷中，心情一天比一天坏，生意也大不如以前。

后来，他改变了处理客户抱怨的办法。当顾客投诉时，他首先说："我们确实犯了不少错误，真是不好意思。关于你的车子，我们有什么做得不合理的地方，请你告诉我。"这个办法很快使顾客解除武装，由情绪对抗变成理智协商，于是事情就容易解决了。如此一来，这位代理商能轻松地处理每一件事情，生意也越来越好。

当我们说对方错了的时候，他的反应常让我们头疼，而当我们承认自己也许错了时，就绝不会有这样的麻烦。这样做，不但会避免所有的争执，而且可以使对方跟你一样宽宏大度，承认他也可能弄错。

不要对别人的错误过于敏感，不要执着于所谓正确的意见，不要轻易刺激任何人。如果你要使别人同意你，应当牢记的一句话就是："尊重别人的意见，永远别说'你错了'。"

开口之前"把把脉"

1

我也曾经犯过"说自己想说的"这个错误。

我有一个相交很多年的朋友，一天他问我："某企业想请我去做企划经理，你看如何呢？"我便打听了一下这家企业的一些信息，然后告诉他："还是别去了，你这文人脾气伺候得了那些官老爷吗？"朋友迟疑一下，又说："可是我觉得也许可以有机会参加很多好玩的时尚派对，认识很多人。"

刚好这时候我正为了雇佣的文员不得力而生气，想到朋友也是毕业于那所学校的，便脱口而出："怎么你们学校毕业的高材生都这样幼稚……"话说到一半我发现不对，赶紧收住。但是已经惹怒了朋友，他回敬我说："你演讲报告做多了，就以为自己是真理哥，别的人都是傻子吗？你太自以为是了！"

我后悔莫及，后来，我仔细想了一下，朋友平时是非常喜欢时尚的，我怎么可以说他"幼稚"呢？另外他也是一个主管级别的，我拿他和一个文员放在一起讥讽，他能不生气吗？

后来，我请这位朋友吃饭，我对他说："对不起，上次的事情是我不好，那天我工作出了点错误，情绪不好，说话太冲了。"他连声说："没关系，那天我心情也不怎么好。现在某企业的事在你看来如何呢？"我喝了口茶笑笑回答："人际关系你没有问题，其实对企划也熟门熟路的，对时尚又有一定的把握。从这个角度来说再合适不过了，我是老板不请你请谁呀？但是考虑到企业的一切是以市场为导向的，我怕他们做的时尚跟你所喜欢的时尚是有差距的。这个时尚是大众化的，不是国际顶端的，另外，因为我之前也从事过类似的职业，不排除你在工作中会遇到所谓控股的人都来干涉、一个人面对N个上司的可能性，这会对你的工作造成一定的影响，当然这种可能性不大，只是提醒一声，仅供参考，你自己费心多打听下就是了。"朋友听后非常高兴。

有时候我们说话还真的要多注意，上面的例子中是我十几年的老朋友，都有可能因为一言不当而引起不快，更别提生活中结交的新朋友了。其实，很多时候，我们如果改变一下说法，说对方想听到的话，那么效果将大为不同。

2

要想知道对方到底想听你说什么,就要先了解对方大概是什么样的人,什么样的性格脾气,你可能会说:"我和他也不熟啊,我哪知道他是个什么样的人?"没关系,虽然你们不熟,虽然他不是非常直观地透露出自己的信息,但随着谈话的进行,谈话者会在不知不觉、有意无意当中暴露出内心的秘密。

所以,你如果细心留意对方喜欢谈论的内容是什么,就一定会对这个人有初步的了解。

当然任何东西都不能一概而论,具体情况还是要具体对待,但是,俗话说"言为心声",从对方的话题里,虽然不能百分百判断出他是个怎样的人,至少也该晓得,他对什么感兴趣了。接下来,你就会根据对他的了解,来说对方想听的,而不是你想说的。

3

看下面这个故事:

甲乙双方在讨论未来的工作重点。

甲:"这个项目我们必须成功,不容失败。"

乙:"我看,我们应该先看看其他公司的态度,然后再考虑一个适合的对策。"

甲："现在可不是考虑对策的时候，我必须先想想怎样才能成功！"

乙："我也没说不想成功，难道我想失败？我是想……"

甲："我不管你想什么，就是必须要做好，做对，我要的是结果！"

……

后来乙发现甲老是喜欢说"我怎么怎么的"，他了解到甲是一个很要强的人，下次再和他讨论未来的工作重点时，就会这样应付他：

甲："这个项目必须成功，不容失败。"

乙："是的，的确如此，我们必须成功！为此，我们最好先看看其他公司的动向。这样才能帮助我们成功。"

甲："必须要做好，做对，我要的是结果。"

乙："是的，完全正确，结果许赢不许输，所以只有考虑全面些才能百分百赢。"

甲："……这样也对，那你安排一下吧，都有哪些公司？"

……

你看，话题还是同一个，说对方想听的，结果就大不一样。还有两点要提醒：

第一，多用名词和动词，少用形容词。无论是对一个人还是对一个群体，你的话语都应该切中要害，简明精要，每句话都应当传达一条清晰的信息。越是重要的信息，越要放在最前面。尤其是在一些非正式的沟通场合（比如在电梯或大厅里），更是如此，因为你的谈话随时可能被迫中断。

第二，记住谈话中有一条"第一个和最后一个"法则。就是：大多数人都只会记得你告诉他的第一件和最后一件事，所以在谈话的开头和结尾上一定要多下功夫。那样他们的记忆就会更加深刻。

用10秒钟的时间讲，用10分钟的时间听

1

外国有句谚语："用十秒钟的时间讲，用十分钟的时间听。"善于倾听，是说话成功的一个要诀。据美国俄亥俄州立大学一些学者的研究："成年人在一天时间里，有7%用于交流思想。在这7%的时间里，有30%用于讲，高达45%的时间用于听。"

卡耐基曾说："专心听别人讲话的态度，是我们所能给予别人的最大赞美。"

一位顾客在一家商店购买了一套西服，由于掉颜色的问

题，要求退货，而售货员坚持说是顾客自己的问题，所以两个人争执起来。争吵声引来了商店经理，售货员想向经理解释，但被经理制止了。

经理走到顾客面前，向他表示了真诚的歉意，然后又请他在旁边的沙发上坐下来，把具体的情况说一下。经理静静地听完顾客的抱怨和发泄，等顾客说完，他才让售货员说话。

当彻底了解清楚争吵的来龙去脉后，经理真诚地对顾客说："真是万分抱歉，我不知道这种西服会掉颜色。现在怎么处理，本店完全听从您的意见。"

顾客说："那么，你知道有什么法子可以防止西服掉颜色吗？"

经理问："能否请您试穿一周，然后再做决定？如果到时候您还不满意，那么我们无条件让您退货。好吗？"

结果，顾客穿了一周后，西服果然没有再掉颜色。

这位经理就是有效地利用了倾听这一技巧，使得本来剑拔弩张的气氛缓和下来，并最终轻松地解决了问题。

在潜意识里，每个人都认为自己的声音是最重要的、最动听的，每个人都有迫不及待表达自己的愿望。能够耐心地听说话者诉说，就等于告诉对方"你说的东西很有价值""你是一个值得我结交的人"。无形中，说者的自尊得到了满足。于是，说者对听者就会产生一个感情上的飞跃，认为"听话"者能理解自己，并欣慰自己终于找到了一个可以倾诉的机会。如此，彼此心灵间的交流就使得双方的感情距离缩短了。

2

不会说话没关系，可以慢慢训练和培养，但是不会倾听就糟糕了。往往给人"不尊重人"的印象，你担当得起吗？此外，说话滔滔不绝的人，会给人夸夸其谈，油嘴滑舌的感觉，甚至还会言多有失，祸从口出。而静心倾听就没有这些弊病。善于倾听的人，给人的印象是谦虚好学，是专心稳重，诚实可靠。

吉恩·邓沃迪在乔治亚州的麦肯市拥有一家成功的建筑公司。当有人问他最擅长的是什么时，他回答："倾听。"他解释说："我不是很有创意的人，但我在这里工作的儿子还有几个职员都很有创意，我所擅长的是聆听。你知道有时候客户和营造商会为了一些事情起争执，而因为我可以听到他们双方所说的活，我经常可以找到共同点。"这就是善于倾听的人所拥有的优势。

惠普公司的创始人之一大卫·帕卡德发明了所谓的"惠普之道"，他要求他的经理与管理者做的第一件事情就是：先去倾听，然后去理解。这正是我们想要的。

不会倾听，是做人一个重大的疏忽。幸运的是，一旦你了解倾听的重要性，要练习一点也不困难。人们会主动让你知道周围的事情——如果他们知道你会听的话。

当然，"倾听"是一个内涵丰富的词汇，绝对不是一个简单的听与不听的问题。你平时是如何倾听别人说话的？对照下面这几点，想一想再回答，你有这样的错误吗？

与其说我是一个聆听者，不如说我是一个发言者；

当我情绪非常激动时，我发现我很难听得进去别人的话；

我经常发现自己在假装听别人说话，而其实我在想其他的事情；

我总是在需要考虑接下来说什么的时候，才尽力去听别人的发言；

我是一个挑剔的聆听者，当我尊重的人讲话时，我会更加注意聆听；当我必须听一个说话含糊不清的人讲话时，我的思想立刻就飞走了；

我常常打断那些不断重复的人的话。

……

你所看到的上面的每一种情况都暗示了一个潜在的错误。倾听是一种技巧，这种技巧的第一信条，就是给予对方全然的注意。

当有人来到你的办公室和你交谈时，不要让任何事务打断你的注意。如果你是处在拥挤的房间内和人说话，也尽量摒除其他事务的干扰，让对方觉得你们是唯一的在场者。

3

要给予对方全然的注意，要点是：直视对方，即使是有一只老虎进来，你也不会注意到。所以你必须注意对方，这样才能听到对方告诉你的话。假如不全神贯注,我们就会心不在焉。

你需要做的只是洗耳恭听而已。不要皱眉,也不要反驳,更不要奇怪人们为什么总是有那么多牢骚?不要害怕人们的牢骚会给你带来麻烦。你只需要认真地听,偶尔说上一句:"哦,是这么一回事……"十有八九,对你发牢骚的人会在一吐为快之后心满意足,高高兴兴地离开你的房间。

我听过许多根本不需要我提供解答的问题。我通常只是借着倾听,让那些受到委屈的人有机会倾诉,这就解决了一大半问题。只要听得够久,对方总会找到适当的解答。

如果一个公司里经常有人对工作发牢骚,那家公司或老板比较而言一定更成功。这就是所谓的牢骚效应。

请记住:发牢骚不总是正确的,但认真对待牢骚却总是正确的。

如果你是一个易于走神和只能保持短时间注意力的人。

请注意以下三点建议——亲爱的朋友,这也许对你同样适用。

面朝讲话者。

每当聆听别人讲话时,他总是稍微转身,使自己的侧面对着讲话者。所以,他的这个姿势让下属认为他在某种程度上反对他们的建议,他感到厌烦,或者反应冷淡。

眼睛对着眼睛。

他以为自己在听人说话时保持了很大程度的眼睛接触,但事实上,当我与他交流时,他一直保持眼睛接触的是我的前额,这使得我忍不住以为自己的额头粘上了饭粒,以至于他的兴趣如此之大。因此，我就对他说："你可以降低一下你的视力关注点，这样我们双方便可以眼睛对着眼睛了。"

手里不要玩东西。

同很多年轻人一样，他也很喜欢玩自己的笔。当别人说话时，他总是不经意地轻弹它、敲它，有时候还在桌子上来回地滚动自己的笔。

没有你，事情一样可以做得好

1

两只大雁与一只青蛙同在一个池塘里，池塘的水越来越少，于是大雁决定要飞回南方。大雁对青蛙说："要是你也能飞上天多好呀，我们还可以经常在一起。"青蛙灵机一动：它让两个大雁衔住一根树枝，然后它自己用嘴衔在树枝中间，一起飞上了天。地上的青蛙们都羡慕地拍手叫绝。这时有人问：是谁这么聪明？那只青蛙生怕错过了表现自己的机会，于是大声说："这是我想出来……"刚一张口，话还没说完，它便从空中掉下来了。

很多时候，我们远不像自己想象的那般重要，那样受人关注。把自己看轻一点，把自己放得轻松点，就能解决很多问题，而不是陷入无尽的烦恼与痛苦之中。

即使你真的非常优秀，非常了不起，也请你不要自我膨胀。无论你从事着什么行业，过着怎样的生活，都不过是一个人。即使自己能翻手为云，覆手为雨，也不要把自己太当回事。因为许多事情都是一时的、短暂的，如果你把自己太当回事，可能有一天你会变得什么也不是。自我膨胀就像是在吹气球，谁都希望气球变大，但是吹入的气体过多就会爆裂。

总之，做人还是要谨慎一些，别把自己太当回事了，否则只能让人产生反感，像吹爆的气球那样毁掉自己。如果能对人生有清醒的认识，对自己有足够的了解，客观而公正地对待，方能从容地面对激烈的竞争，在生活的每一天都收获欣慰的笑容和真正的快乐。

如果你才华横溢，聪明绝顶自然是好事，但同时也要懂得内敛，学会装醉，不然，当你志得意满，目空一切的时候，别人会把你当成枪靶子、眼中钉。

2

春秋时期，郑庄公准备伐许。战前，他先在国都组织比赛，挑选先行官。众将一听露脸立功的机会来了，都跃跃欲试，准备一显身手。

第一项目击剑格斗。众将都使出浑身解数，只见短剑飞舞，盾牌晃动，斗来冲去。经过轮番比试，选出了6个人来，参加下一轮比赛。

第二个项目是比箭，取胜的6名将领各射3箭，以射中靶心者为胜。有的射中靶边，有的射中靶心。第5位上来射箭的是公孙子都。他武艺高强，年轻气盛，向来不把别人放在眼里。只见他搭弓上箭，三箭连中靶心。他昂着头，瞟了最后那位射手一眼，退下去了。

最后那位射手是个老人，胡子有点花白，他叫颍考叔，曾劝庄公与母亲和解，庄公很看重他。颍考叔上前，不慌不忙，三箭射击，也连中靶心，与公孙子都射了个平手。

只剩下两个人了，庄公派人拉出一辆战车来，说："你们二人站在百步开外，同时来抢这部战车。谁抢到手，谁就是先行官。"公孙子都轻蔑地看了一眼对手，哪知跑了一半时，公孙子都却脚下一滑，跌了个跟头。等爬起来时，颍考叔已抢车在手。公孙子都哪里服气提了长戈就来夺车。颍考叔一看，驾起车飞步跑去，庄公忙派人阻止，宣布颍考叔为先行官。

公孙子都因此怀恨在心。后来颍考叔不负庄公之望，在进攻许国都城时，手举大旗率先从云梯上冲上许都城头。眼见颍考叔大功告成，公孙子都嫉妒得心里发疼，竟抽出箭来，搭弓瞄准了城头上的颍考叔，颍考叔一下就被射死了，从城头栽下来。

颍考叔的死是因为他不知道锋芒毕露会招来嫉妒。当今社会，我们更要明白这个道理。你不锋芒毕露，可能永远得不到重任；你锋芒太露却又易招人陷害。锋芒太露的人虽容易取得暂时成功，却为自己掘好了坟墓。当你施展才华时，不经意就埋下了危机的种子。也就是说，有时候才华不宜显，聪明也要内敛。

泰戈尔说过一句非常经典的话："当我们开始谦卑的时候，便是我们接近于伟大的时候。"难道不是这样吗？大海之所以成为纳百川的大海，正是因为它肯放低身架，所有的河流才能顺利进入它的怀抱。

在平常的生活中，我们总是能看到这样一些人，他们爱摆"身架"，显示出自己的与众不同，哪怕自己只是当了不起眼的一个小官，也要官腔十足。而且他们不管做什么事情都会装模作样，好像自己威风无比、唯我独尊。然而，他们不知道，自己的"身架"摆得越大，在别人心目中的"身价"就越低。

3

乔治·华盛顿是美利坚合众国的第一任总统。他正是靠着他那平易近人的领导风格来赢得千万美国人的尊重和拥戴的。华盛顿虽然是个伟人，但他若站在你面前，你会觉得他普通得就和你一样：一样的诚实、一样的热情、一样的与人为善。

有一天，他穿着一件过膝的普通大衣独自一人走出营房。他的低调让遇到的每一个士兵都没有认出他。当来到一条街道旁边时，他看到一个下士正领着手下的士兵筑街垒。那位下士双手插在裤袋里，站在旁边，对抬着巨大水泥块的士兵们喊道：
"一、二，加把劲!"但是，尽管下士喊破了喉咙，士兵们也经
过了多次努力，但还是不能把石头放到预定的位置上。他们的
力气几乎用尽，石块眼看着就要滚下来。这时，华盛顿疾步跑
到跟前，用强劲的臂膀，顶住石块。这一援助很及时，石块终
于放到了位置上。士兵们转过身，拥抱华盛顿，表示感谢。

华盛顿转身向那个下士问道："你为什么光喊加把劲却不
帮一帮大家呢?""你问我？难道你看不出我是这里的下士
吗?"那下士背着双手，傲气十足地回答道。

华盛顿笑了笑，然后不慌不忙地解开大衣纽扣，露出他的
军装："按衣服看，我就是上将。不过，下次在抬东西的时
候，你也可以叫上我。"那个下士这时候才明白自己遇见的是
谁，顿时羞愧难当。

人所谓的"身架"是一种"自我之认同"，不是缺点。但
这种"自我之认同"也是一种"自我之限制"，也就是说，
"因为我是这种人，所以我不能去做那种事"。所以，自我认同
越强的人，自我限制也越厉害。而放下"身架"，就是做到为
人处世、与人交往、待人接物时谦虚低调。"君子贵人而贱
己，先人而后己。"百米赛跑，不低下身子就不能蓄势；拉板
车上坡，不弓下腰就用不上劲。做人亦是如此，为人虚心，放
下架子，才是关键。

4

即便你能力再强、水平再高、头衔再多、人际再广，只有放下你的"身架"才可能真正提高你的"身价"。

放不下身架，就像是高高在上的酒杯，就是酒壶里有再多的好酒，也倒不进去，变成浪费。放下身架并不是比人矮一截，而是用谦卑和真诚，去学习真正的东西。

迈兹纳曾有一句名言：不要把自己看得太重要，没有你，事情一样可以做得好。不要把自己太当回事，坦诚而平淡地生活，没有人把你看成是卑微、怯懦和无能的。如果你老是把自己当作珍珠而四处炫耀，那么就时时有被自大淹没的危险。

见到人我就语无伦次

1

领导从对面走过来……

我：啊，那个，张总早！

领导：我姓王！

领导又从对面走过来了……

我：（颤音）啊，总经理早！

领导（抬头看天）：现在明明是晚上……

领导第三次从对面走过来……

我干脆转身往另一个方向走了。

……

这个豆瓣小组上的场景，你是不是很熟悉？小组的名字叫"见到领导我就语无论次"。

2

平时上下班的时候，总是会遇到一些或熟悉或面生的领导，遇到在一个院子或一个大楼上班的同事，如果仅是擦肩而过，点头致意便可以，但是如果身处一个电梯，避免不了地就要微笑和寒暄。

寒暄，它通常被作为交谈的"开场白"来使用，在谈话进入主题之前一般应适度寒暄。碰上熟人，也应当跟他寒暄一两句。若视而不见，不置一词，难免显得自己妄自尊大。

东汉时期有一个"倒屣相迎"的故事。

东汉时期有个大学问家蔡邕，他是蔡文姬的父亲，文史、辞赋、音乐、天文无不精通，官任皇室右中郎将，人称"人学显著，贵重朝廷，常车骑填巷，宾客盈座"。但他从不摆架子，从不傲慢，很善于和人交往，好朋友很多。有一次，他的好友王粲来拜访，正逢蔡邕睡午觉。家人告诉他王粲来到门外，蔡邕听到后，迅速起身跳下床，急急忙忙趿上鞋子就往门外跑，由于太慌忙，把右脚的鞋子趿到了左脚上，把左脚的鞋子趿到了右脚上，而且两只鞋都倒趿着。当王粲看到蔡先生是这么个模样，便抿着嘴笑起来。由此便有了"倒屣相迎"之说，借以比喻对朋友的热情与诚意。

《司马迁》一书中有这样一段文字："司马迁拿吴福当人，吴福也很尊敬司马迁。在宫中只有司马迁跟吴福见面时很认真地寒暄，吴福就觉得司马迁是个正直的人。后来，汉武帝要杀司马迁、诛灭司马氏时，是吴福救了他，司马迁才逃过一死。"

为什么司马迁要和吴福"寒暄"呢？文中说得明白：因为"司马迁拿吴福当人"。那么，为什么拿人当人就需要与之"寒暄"呢？

因为他明白寒暄的起码作用——"尊重他人的存在"。

寒暄常用于相识、相知之人，但并不是说不相识的人之间就不能用。如果在被介绍给他人之后，跟对方寒暄几句，可以表现出殷切、乐于与对方交往的情绪。反之，如果在本该与对方寒暄几句的时刻，却一言不发，则是极其无礼的。对方如果与你寒暄，而你只向他点点头，或是只握一下手，通常会被理解为不想与之深谈，不愿与之结交。寒暄的用途很广，还可以让人们在人际交往中打破僵局，缩短人际距离，向交谈对象表示自己的诚意与亲近，或是借以向对方表示乐于与他结交之意。因此，如果在与他人见面之时，你想给对方留下亲切热情、开朗善谈的印象，正确地使用寒暄语，是你最好的选择。

3

我们所提倡的寒暄要求以"谦语"当先。寒暄语应带有友好之意，敬重之心。既不容许敷衍了事打哈哈，也不可用以戏弄对方。牵涉到个人私生活、个人禁忌等方面的话语，最好别拿出来"献丑"。熟人之间的寒暄尽可随意一些，但绝不能涉及人事、涉及他人隐私、涉及收入状况，为了避免误解，统一而规范，以"您好""忙吗"为问候语，是最保险的。选择和谐的、与自身价值融洽为一体的语言是非常必要的。

寒暄语不一定具有实质性内容，而且可长可短，需要因人、因时、因地而异，而它却不能不具备简洁、友好与尊重的特征。

寒暄语应当删繁就简，不要过于程式化，像写八股文。例如，两人初次见面，一个说："久闻大名，如雷贯耳，今日得见，三生有幸。"另一个则道："岂敢，岂敢！"搞得像演出古装戏一样，那就是画蛇添足了，其实不必如此。

另外，寒暄的话还具有非常鲜明的民俗性、地域性的特征。比如，老北京人爱问："吃了吗？"其实质意思就是"您好！"若以之问候外国人，常会被理解为"要请我吃饭""讽刺我不具有自食其力的能力""多管闲事""没话搭话"……从而引起误会。

寒暄能使不相识的人相互认识，使不熟悉的人相互熟悉，使沉闷的气氛变得活跃。尤其是初次见面，几句得体的寒暄会使气氛变得融洽，有利于顺利地进入正式交谈。但有一点必须注意的是，使用寒暄语一定要注意特定的对象与环境。

4

如果你是下级，一定要态度谦逊而恭敬地先问候上司，但是不能随便问候。比如，不能问领导最近的身体状况。下属问上司，旁人听了都会觉得很奇怪。如果领导有病，大多会讳疾忌医，不愿让别人知道，更不愿让别人提起；如果没有病，你这样问候，似乎是"希望"他有病，所以他会很不痛快。再比如，也不能问对方老婆孩子怎么样。同样地，那也是上司关切下属时才能用的。再有，也不能问及上司的朋友的状况，因为你说不准领导对那些朋友的真实想法。更加不能问的就是人事关系、上层管理问题……谁也不敢妄言。

那么，说了这么多不能问的，想必你一定有疑惑：能问什么呢？

其实，能问候的只有一句话："领导最近忙吧？"注意！是"吧"而不是"吗"。一字之差，谬之千里，一个"吧"和一个"吗"的区别也很大。

前者带有肯定和巴结的意思，觉得领导一定很忙很累的，似乎问候中有着关心的意思，让领导觉得你比较贴心。如果用"吗"，那就含有居高临下的味道，似乎随意地询问，让领导心中不快。

当然了，如果你是上级，那么遇到下属的时候，要温和地微笑致意。待下属发起问候之后，可以亲切地寒暄几句：最近怎么样，手头的工作顺利吗？如果知道下属的名字，称呼时可以直接喊名字，这会让下属觉得亲切。

如果你还了解对方家庭的一点情况，可以显得随意而关切地问："你母亲最近身体怎么样呀？""孩子上学怎么样呀？"等等，这一定会轻松拉近你与下属的距离。

事情有对错，做事的人无所谓对错

　　对事不对人。事情有对错，做事的人无所谓对错。对事情可以不遗余力地剖析，批评和赞美人则要留有三分余地，这才是聪明人的反思方式。

我同意你为自己打算，
但希望你更为他人着想

1

　　吕嘉宁是一位留学生，曾经在美国的一家快餐店打工。有一天，他错把一小包糖当作咖啡伴侣给了一个女顾客。女顾客非常恼火，因为她正在减肥，必须禁食糖和一切甜点心。她大声嚷嚷，简直把那包糖当成了毒药，生气地说："哼，你竟然给我糖！难道你还嫌我不够胖吗？"

　　当时吕嘉宁完全不知道减肥对美国人有多么重要，他一下子愣在那里，不知所措。

　　这时，快餐店女经理闻声而来，她在吕嘉宁耳边轻轻地说："如果我是你，马上道歉，把她要的快给她，并且把钱退还给她。"吕嘉宁照着经理的话做了，再三道歉，那女顾客哼了几下就不出声了。

　　这件事是快餐店的一次小事故，吕嘉宁等着经理来批评或辞退自己。可是，经理只是过来对吕嘉宁说："如果我是你，下班后我大概会把这些东西认认真真熟悉一下，以后就不会拿错了。"

　　不知为什么，这一句"如果我是你"，竟令吕嘉宁感动不已。后来，他无论在学校上课，还是在其他地方打工，才发现老师也好,老板也好,明明是对你提出不同意见,明明是批评你,他们却很少会直截了当地说:"你怎么做成这样?你以后不能这么干!"而是常常委婉地说:"如果我是你,我大概会这样做……"这句话使人不感到难堪,不感到沮丧,反而让人感到有那么点温暖、那么点鼓励。

仔细分析,这些人说的话只是多了那么几个字:"如果我是你……"就一下子站到了对方的立场。大家平等,情绪自然不会对立,沟通更容易进行。

肯尼斯·古地说:"如果你从别人的角度多想想,你就不难找到妥善处理问题的方法,因为你和别人的思想沟通了,有了彼此理解的基础。"人就像一块磁铁,吸引思想相近、志同道合的人,排斥其他不同类的人。如果你想结交仁慈、慷慨的人,自己也必须先成为这样的人。种什么因,收什么果。你所有的思想,最后都会回到你的身上。

2

邻街有两家餐馆的汤做得都很好,但是第一家的生意冷冷清清,第二家的生意则红红火火。有一个人想看看这其中的奥妙。他首先来到第一家餐馆,要了一份他感兴趣的汤。入座不久,服务生将一大盆汤放在他面前。他一愣,问道:"我怎么能喝得了这么一大盆汤?"服务生理直气壮地回答:"你只说要一碗，没说要一小碗呀！"客人无奈，喝汤的心情也没有了，匆匆喝了几口，便按一大盆汤的价格付了钱后拂袖而去。

过了几天，这位客人又去另外一家餐馆喝汤。他要了一份自己感兴趣的汤，不一会儿，服务员端上来一小碗汤，并说："如果不够，可再来一碗。"他只喝了一小碗，当然只付了一小碗汤的钱。

这位客人终于弄清楚了这两家餐馆生意好坏的差距如此之大的原因。后来，只要想喝汤，他就去第二家餐馆。

只有切实为顾客着想，而不是想方设法算计顾客的商家，才能长久地赚钱，因为最聪明的永远是顾客，算计顾客的商家永远是愚蠢的商家。

3

当今，我们处在一个竞争非常激烈的时代，每个人都有一种危机感，生怕丢掉饭碗，丢掉手中的权力。所以，有些人行为渐渐偏离了正常的轨道，想投机取巧地侵夺他人的利益，致使人际关系陷于紧张状态。

当你身边有试图抢你利益的人时，该怎么办？第一，要寻找恰当的机会向对方澄清功劳是你的。第二，不妨夸赞抢你功劳的人，然后重申功劳是自己的。这种方法对下属和职业女性来说特别适用。第三，退出争夺战。初看起来，这似乎不是一种方法,但对某些人来讲,这或许是最好的。你应该问一问自己:哪个更重要,是暂时的利益,还是长久的人际关系利益?如果你看重的是与人长期相处的利益,不如把功劳让给对方,或"以德报怨",让对方感到你是个大度的君子。

在为人处世上,我们切不可抢人功劳,占取他人的利益。一时之欢,片刻的满足,埋下的往往是长久的祸患,要明白世上有种人是"记仇"的,你今天占取了他的一点利益,他明日可能要加倍讨回。

身为社会人,不可能游离于他人之外,所以一个人既要活出自我,又要能为别人着想。当你急躁地为自己打算时,难免会伤害到别人,影响自己的声誉,你应该在学会为自己打算的同时更为他人着想。

其实我知道你说了谎

1

这一天,苏格拉底像平常一样,来到市场上。他一把拉住一个过路人说道:"对不起!我有一个问题弄不明白,向您请教。人人都说要做一个有道德的人,但道德究竟是什么?"

那人回答说:"忠诚老实,不欺骗别人,就是有道德的。"

苏格拉底装作不懂的样子又问："但为什么和敌人作战时，我军将领却千方百计地去欺骗敌人呢？"

"欺骗敌人是符合道德的，但欺骗自己人就不道德了。"

苏格拉底反驳道："当我军被敌军包围时，为了鼓舞士气，将领欺骗士兵说，我们的援军已经到了，大家奋力突围出去，结果突围果然成功了。这种欺骗也不道德吗？"

那人说："那是在战争中出于无奈才这样做的，在日常生活中这样做是不道德的。"

苏格拉底又追问起来："假如你的儿子生病了，又不肯吃药，作为父亲，你欺骗他说这不是药，而是一种很好吃的东西，这也不道德吗？"

那人只好承认："这种欺骗也是符合道德的。"苏格拉底并不满足，又问道："不骗人是道德的，骗人也可以说是道德的。那就是说，道德不能用骗不骗人来衡量。究竟用什么来判断它呢？还是请你告诉我吧！"

那人想了想，说："不知道道德就不能做到道德，知道了道德才能做到道德。"

苏格拉底这才满意地笑起来，拉着那个人的手说："您真是一个伟大的哲学家，您告诉了我关于道德的知识，使我弄明白了一个长期困惑不解的问题，我衷心地感谢您！"

正如苏格拉底所说，判断谎言是否道德的标准就是道德本身。符合道德规范的，就是善意的或者无恶意的谎言；违背道德标准的，就是恶意的谎言了。

2

为了赚取上学的费用，吉姆找了一份照顾年迈独居的威廉太太的工作，平常也不过是做一些杂务等事情。吉姆的工作做得勤快而利索，深得威廉太太的信赖。

有一天晚上，老太太跑到吉姆房间前敲门，对吉姆说："吉姆，很抱歉打扰你，我的安眠药吃完了，一直睡不着，不知你身边有没有？"吉姆从来不吃安眠药，但他不愿让老太太失望，就对她说："你先回去吧，一会儿我把药给您送去。"老太太走后，吉姆很快冲到楼下，跑到副食店买了一些大豆。

吉姆知道威廉太太眼神不好，无法分清楚大豆与安眠药。吉姆对威廉太太说："这是一颗大号安眠药丸，很管用，你服下后很快就会入睡的。"

老妇人真的服下了那粒"大号安眠药丸"，并且很快睡着了。第二天，她还对吉姆说，他给的安眠药真的很好用，她因此睡了有生以来最好的一觉。从此，她几乎每天都要求吉姆给她一粒那种"大号安眠药丸"。

直到后来，威廉太太仍然认为，吉姆给她的是最难得的"安眠药丸"。

3

我们都希望生活在一个没有谎言的社会，但事实上，我们生活的空间已经被谎言塞满了。这并不是危言耸听，英国伏特加饮料公司最近进行的一项调查表明，人一生中平均会说谎8.8万次，每人每天至少撒4次谎。在说谎上，男人平均每天说5次谎，女人平均每天说3次谎，但男人的谎言中"弥天大谎"的比例比女人稍小些。

善意的谎言和恶意的谎言最大的区别是动机不同，善意的谎言发自于善良的动机，以维护他人利益为目的和出发点，它会使人们的感情变得更融洽、和谐，生活变得更有滋有味，它可以巧妙地避免冲突，实现情感沟通和顺利交往。而恶意的谎言是为说谎者谋取利益，以强烈的利欲、薄弱的理性，把他人作为手段，不惜伤害他人的行为。在所造成的后果上，两者也是截然不同的，善意的谎言带来的是温情和融洽，而恶意的谎言带来的是厌恶和仇恨。

所以，我们可以说谎，但是，一定要说善意的谎言，识别恶意的谎言。

给他人留余地,给自己攒人品

1

有这样一则寓言:有一天,狼发现山脚下有个洞,各种动物由此通过。狼非常高兴,它想,守住山洞就可以捕获到各种猎物。于是,它堵上洞的另一端,单等动物们来送死。

第一天,来了一只羊,狼追上前去,羊拼命地逃。突然,羊找到一个可以逃生的小偏洞,从小洞仓皇逃窜。狼气急败坏地堵上这个小洞,心想,再也不会功败垂成了吧。

第二天,来了一只兔子,狼奋力追捕,结果,兔子从洞侧面的更小一点的洞里逃生。于是,狼把类似大小的洞全堵上。狼心想,这下万无一失,别说羊,与兔子大小接近的狐狸、鸡、鸭等小动物也都跑不了。

第三天,来了一只松鼠,狼飞奔过去,追得松鼠上蹿下跳。最终,松鼠从洞顶上的一个小道跑掉。狼非常气愤,于是,它堵塞了山洞里的所有窟窿,把整个山洞堵得水泄不通。狼对自己的措施非常得意。

第四天,来了一只老虎,狼吓坏了,拔腿就跑。老虎穷追不舍。狼在山洞里跑来跑去,由于没有出口,无法逃脱,最终,这只狼被老虎吃掉了。

对这一案例，各界人士说法不一。

哲学家说：绝对化意味着谬误。

宗教家说：堵塞别人生路意味着断自己的退路。

环境学家说：破坏原生态平衡者必自食其果。

经济学家说：预算和计划都要留有余地。

军事家说：除非你是百兽之王，否则，别想占有整个森林。

法学家说：凡规则皆有例外，恶法非法。

政治学家说：绝对的权力导致绝对的腐败，绝对的腐败必然导致彻底的失败。

渔民说：一网打尽，下一网打什么？

农民说：不留种子就是绝种绝收。

总之，人的生存与发展，依赖于千丝万缕的社会关系，所以无论做什么事都不要做得太绝，得为自己留一条后路。

本寓言里的狼发现了一个山洞，各种动物由此通过，为了捕获各种动物，狼把这个洞里除洞口外的所有通道都封死了，却不料让自己陷入万劫不复之地，成了老虎口中的美食。灭人者终自灭。"竭泽而渔"，"杀鸡取卵"，古而有之。

在人与人的交往中，也有一些人为了追求个人利益而对别人不管不顾，甚至是在别人身处逆境时落井下石，这样的做法是极其愚蠢的，因为一个人再成功，也不能保证自己就没有倒霉的时候，把事情做绝了，到时谁又会向你伸出援手呢？

2

　　在一个茫茫沙漠的两边，有两个村庄。从一个村庄到另一个村庄，如果绕过沙漠走，至少需要马不停蹄地走上20多天；如果横穿沙漠，那么只需要3天就能抵达。但横穿沙漠实在太危险了，许多人试图横穿沙漠，结果无一生还。

　　有一天，一位智者经过这里，让村里人找来了几万株胡杨树苗，每半里一棵，从这个村庄一直栽到了沙漠那端的村庄。智者告诉大家说："如果这些胡杨有幸成活了，你们可以沿着胡杨树来来往往；如果没有成活，那么每一个走路的人经过时，要将枯树苗拔一拔，插一插，以免被流沙给淹没了。"

　　果然，这些胡杨苗栽进沙漠后，很快就全部被烈日烤死了，成了路标。沿着"路标"，在这条路上大家平平安安地走了几十年。

　　有一年夏天，村里来了一个僧人，他坚持要一个人到对面的村庄去化缘。大家告诉他说："你经过沙漠之路的时候，遇到要倒的路标一定要向下再插深些；遇到要被淹没的路标，一定要将它向上拔一拔。"

　　僧人点头答应了，然后就带了一皮袋的水和一些干粮上路了。他走啊走啊，走得两腿酸累，浑身乏力，一双草鞋很快就被磨穿了，但眼前依旧是茫茫黄沙。遇到一些就要被沙尘彻底淹没的路标，这个僧人想："反正我就走这一次，淹没就淹没吧。"他没有伸出手去将这些路标向上拔一拔。遇到一些被风暴卷得摇摇欲倒的路标，这个僧人也没有伸出手去将这些路标向下插一插。

但就在僧人走到沙漠深处时，寂静的沙漠突然飞沙走石，有些路标被淹没在厚厚的流沙里，有些路标被风暴卷走了，没有了影踪。

这个僧人像没头的苍蝇似的东奔西走，却怎么也走不出这个大沙漠。在气息奄奄的那一刻，僧人十分懊悔：如果自己能按照大家吩咐的那样做，那么即便没有了进路，还可以拥有一条平平安安的退路啊！

3

是的，给别人留路，其实就是给我们自己留路。善待他人，关爱他人，实际上就是善待自己，关爱自己。

在一场激烈的战斗中，连长忽然发现一架敌机向阵地俯冲下来。照常理，发现敌机俯冲时要毫不犹豫地卧倒。可连长并没有立刻卧倒，他发现离他四五米远处有一个小战士还站在那儿。他顾不上多想，一个鱼跃飞身将小战士紧紧地压在了身下，此时一声巨响，飞溅起来的泥土纷纷落在他们的身上。连长拍拍身上的尘土，抬头一看，顿时惊呆了：刚才自己所处的那个位置被炸了两个大坑。

故事中的小战士是幸运的，但更加幸运的是故事中的连长，因为他在帮助别人的同时也帮助了自己！在我们的人生大道上，肯定会遇到许多为难的事。但我们是不是都知道在前进的路上，搬开别人脚下的绊脚石，有时恰恰是为自己铺路呢？

所以，一个高明的人往往是个心胸宽广的人，缺乏智慧的人才会处处不饶人，最终断绝自己的后路。

生活中，我们每个人也都与社会有千丝万缕的联系，所以凡事都不要做得太绝，给人留余地也就是在给自己留后路。

若以愚蠢的愤怒开始，必以后悔告终

1

有一天，在一家高档西装店里，一位顾客正拿着昨天刚买的西服，执意要退换，理由是西裤上有一处污点。由于是打折产品，公司规定不能退换，所以一位服务员正在耐心地跟这位顾客解释。但顾客完全不予理会，还越来越不讲理，最后还威胁说要打电话到消费者协会去举报这家店。那个服务员面对如此蛮不讲理的顾客，也失去了耐心，一团怒火上来，竟和顾客争吵起来。

很快，争吵声引来了周围其他人的注意，而服务员非但没有停止，而且怒火越来越烈，最后竟然骂出了非常难听的话，还指名威胁顾客。顾客也不服气，于是服务员开始动手推顾客出去，结果因为商场地面的瓷砖打滑，一下让顾客摔倒在地上。这下围聚的人更多了，很快商场经理和主管纷纷赶来维持秩序，并且当场就解雇了这名服务员。

无法抑制的怒气无疑是伤害身心至深的本源。然而，愤怒如同其他的情绪，并非超乎我们的控制，即便你有时候觉得自己已经控制不住的时候，它仍然可以被控制住。

首先要把目光集中在事情身上，而非人身上。当我们对人发怒的时候，我们是把火力放在了人身上，常常忽视了问题本身。有时候，我们在尚未理性地看待某事之前就先发怒，变得情绪化。要避免这种情况，我们就得不断提醒自己，不要偏离最初的轨道，一定要将重点转移到问题解决方案的提出上。

2

多年以前，美国一家石油公司的一名高级主管做出了一个错误决策，使该公司一下子损失200多万美元。当时掌管这家公司的正是大名鼎鼎的洛克菲勒。坏消息传出后，公司主管人员都设法避开洛克菲勒先生，唯恐他将怒气发泄到自己头上。

有一天，这家石油公司的合伙人爱德华·贝德福德走进洛克菲勒办公室时，发现这位石油帝国老板正伏在桌子上，用铅笔在一张纸上写着什么。

"哦，是你？贝德福德先生。我想你已经知道我们的损失了。我考虑了很多，"洛克菲勒说，"但在叫那个人来讨论这件事之前，我做了一些笔记。"

原来，在那张纸的最上面写着："对某先生有利的因素"。下面列了一长串这人的优点，其中提到他曾三次帮助公司做出正确的决定，为公司赢得的利润比这次的损失要多得多。

为此贝德福德感叹道："我永远忘不了洛克菲勒面对棘手问题时的冷静。以后这些年，每当我克制不住自己，想要对某人发火时，就强迫自己坐下来，拿出纸和笔，写出某人的好处。每当我完成这个清单时，自己的火气也就消了，就能理智地看待问题了。后来这种做法逐渐成了我工作中的习惯。记不清多少次了，它制止了我去做愚蠢的事情——发怒，那会让我在生意场上付出惨痛代价。"

当你受到别人挑衅的时候，我们要先控制自己的怒气，慢慢来。不妨给自己留出10分钟的时间冷静一下，深呼吸一下，你的怒气会慢慢平息被蒸发，千万别轻易就让愤怒占了上风，为了一点小事就大动干戈，只会让怒气把你的理智给烧尽。

3

在日常生活和工作中，不可能事事都能顺着自己的意愿，所以当客观实际和主观愿望相抵触时，愤怒的情绪就会自觉或不自觉地产生。

俗语说："一个愤怒的人张开嘴巴却闭上了眼睛。"愤怒加上情绪的煽动，会燃烧得更为炽热。在盛怒的当下，人会失去理智，变成伤人伤己的危险动物。愤怒会使人赔上自己的声誉、工作、朋友及所爱的人、心情的宁静、健康，甚至失去自我。

生气时，我们首先要切记，和睦的人际关系胜过一切，一般发怒的时候，是将自己的利益得失置于和睦关系之上了。只求自己舒服、自己痛快，忘记了自己发怒也会伤害到别人，从而影响彼此之间的关系。

生气时，我们需要直面自己内心的伤害。要记得平静地说出自己的感受。我们不要以为隐忍了怒气，事情就可以结束了。很多时候，我们的逃避不代表问题的解决。当我们以平静的心态向对方表示我们受到的伤害时，相信这不仅可以医治我们，也将对那个伤害我们的人有所提醒。可能在今后与你的交流中，他会注意方式方法，在意你的感受。记住，这里只是需要你说出自己的感受，并不是要你去指责对方。

"忍一时，风平浪静；退一步，海阔天空。"人们在怒火中烧时，不能意气用事，不能冲动，一定要克制住自己的怒火，当我们宽容大度地对待所有事情时，别人才可能发自内心地产生尊敬，那样我们才能体会到生活的愉快和快乐。

总统觉得好吃的东西，你未必能咽下去

1

每个人都是不同的，这注定每个人的人生都将是千差万别的。可是总是有些人，习惯拿别人的标准来衡量自己，看见别人某方面比自己强，就心理不平衡，就嫉妒，进而对自己提出各种苛刻的要求。

当然，我们并不会拿任何人的观点来衡量自己，这些人一定要与自己有一定的联系。

比如，你的举重比不上保罗·安德森，掷铅球比不上白利·欧布莱恩，跳舞比不上亚瑟·毛瑞。很显然，这都是事实。但是你大概不会因此产生嫉妒，因为他们和你很遥远，扯不上什么关系。不过，如果你和他们是同行，那就另当别论了。

如果是睡在你上铺的和你成绩差不多的兄弟顺利考取了研究生，而你却落榜了；或者小时候与你一起玩耍的哥们儿这几年做生意发了财，而你还在拿着不痛不痒的死工资熬日子……

这些事情恐怕就很难让你心平气和了吧，也许你会为了争一口气而再次加入考研大军，也许你会为了和你的儿时玩伴一样风光地买车买房，也去下海经商……

你大概很少去考虑，考研到底是不是自己现在的最佳选择，下海经商是不是你所擅长和喜欢的，你只是在拿别人的衡量标准来衡量自己。如果你的尝试成功了也好，可一旦失败了，你的积极性就会被严重挫伤，你甚至会变得怨天尤人。

2

老张早在是小张的时候，就在县机关里上班。那时，他和他的一位同学都是从机关的基层干起，可是没过几年，人家就被调到市里去了，后来又一路顺风地到了省里，官是越做越大，人也越来越意气风发。

可是老张呢，他的运气就不那么好了，他在自己的位子上一待就是20年，从年纪轻轻眼看熬到了斑斑白发，却还只是个小公务员。他一想起和自己同时毕业的那位同学如今已经是省里的领导，心里就嫉妒得发狂。自己哪方面比他差？想当初在学校的时候，自己门门功课都比他好。再想想二人今日的天壤之别，老张极为憋气，心里就像猫抓一样难受。

有一天下班，他心情不好就去了一家餐馆，一个人在那里喝闷酒。因为人多，有人就坐在了他的对面，看他闷闷不乐，就搭讪问他："看您心情不好，为啥事发愁呢？"

老张一仰头把一杯酒喝了个底朝天，叹了一口气说："你不知道，我这辈子真够倒霉的，我在机关里熬了20年了，如今还在原地踏步。"边说边给自己的酒杯倒满，"可是和我一起毕业的同学早就爬到省机关了，你说我怎么这么命苦呢……他有什么能耐？他凭什么就受重用？不就是嘴巴甜一点吗……"

看着并不比自己优秀的同学到了省里工作，自己却没有丝毫的进步，这使得老张产生了严重的心理不平衡。如果没有他的同学作为参照物，即便不能升官，他也许并不至于如此斤斤计较，心情也不至于如此低落。

拿别人的标准来衡量自己，盲目地改变自己，要求自己，并不能让自己像别人一样成功，多半会有东施效颦的结局。

3

麦克斯·威尔医师在罗斯福执政期间，曾负责为总统夫人的一位朋友做一个手术。

事后，罗斯福夫人邀请他到白宫去。他在那里过了一夜，据说隔壁就是林肯总统曾经睡过的房间，他为此感到无比荣幸。

那天晚上，他想着隔壁就是总统睡过的房间，根本没有睡意，他开始用白宫的文具和纸张写信给母亲、朋友……

他在心里对自己说："麦克斯，你真的来到白宫了，这是多少人梦寐以求的事情啊！"

第二天一早起来，他下楼用早餐，总统夫人已经等在那里了。他吃着盘中的炒蛋，心里想着回去以后该如何向自己的家人和朋友描述这个美好的情景。

但是，问题出现了，因为仆人又送来了一托盘的鲑鱼，而他什么都吃，就是从不吃鲑鱼，因此畏惧地对着那些鲑鱼发呆。

罗斯福夫人向麦克斯微笑，指着总统先生说："他很喜欢吃鲑鱼。"

麦克斯考虑了一下，心想："我是什么人？怎么能怕鲑鱼？总统都觉得好吃，我就不能觉得很好吃吗？"

于是，他切着鲑鱼，并混着炒蛋一起吃下去。结果，他从下午开始就浑身不舒服，一直到晚上仍然非常想呕吐。

后来，麦克斯一直思索，这件事有什么意义呢？他在著作《心灵的慧剑》中写下了自己的感想："很简单，其实我一点也不想吃鲑鱼，而且根本也不必吃，但是我为了附和总统而背叛了自己。虽然这是件小事，很快就过去了，可是换个角度想，这不正是许多人为了成功最常碰到的陷阱之一吗？"

上天并没有创造一个标准的人，每个人都是独一无二的。你要敢于保持自己的本色，不必执着于同别人比高低。你只需按自己的样子生活，去寻找属于你自己的成功标准。

社交的第一课

1

在电器方面，史坦恩梅兹有着异乎寻常的天才。他在担任通用公司电器部门的总管时，把企业管理得井井有条，连年来，公司的销售额不断上升。不久，他被升任为通用公司计算机部门的主管。然而，这一次他却遭到彻底的失败。人并非是万能的，天才毕竟是少数。看着计算机部门糟糕的业绩，通用高层领导心急如焚，但他们也不敢对史坦恩梅兹有所冒犯，毕竟，他为公司做出了贡献，而且，公司也是绝对不能缺少这样一个人才的。

通过最后的协商，他们想到了一个绝妙的办法。既让敏感而又极其自尊的史坦恩梅兹愉快地接受工作调动，又不会对他的自尊心造成什么打击。

通用公司下了一纸命令，决定在公司内部成立一个新的部门——通用电器公司顾问部。史坦恩梅兹担任"顾问总工程师"，并且兼任部门主管，坦恩梅兹对这一调动很高兴，他愉快地接受了调动，而且还认为这对自己的面子没有任何损害。

每个人都有自尊心，都不愿在人前或对方面前丢面子，所以我们要想说服别人，必须针对这一实际情况采取办法，留有余地，不要把话说绝，给被说服者留面子。

下台阶的具体方法很多，如转移话题法，如果看到对方已有转移的迹象，就不要穷追不舍，硬要对方说出自己的不足，实际上应该做的是将话题引导至别的方面。肯定他人的优点，承认自己的错误——使对方心理能得到平衡。

2

在我们身边，即使是被大多数人认为"无用"的人，他们也有自己的长处。在某一方面，他或许比别人差一点，但在另一方面却潜藏着特长；也许他比别人笨拙，却也因此比别人更勤奋卖力。所以，总会有适合他的一项工作，千万不要对他人有嫌弃的态度，更不要伤到他人的面子。

一天中午，查尔斯·施瓦布路过他的炼钢车间，发现有几个工人在抽烟，而在他们的头上就挂着一块写有"严禁吸烟"字样的牌子，这位老板怎么教训他的伙计呢？痛斥一顿吗？拍着牌子说："难道你们不识字吗？"不，都不是。老板深谙批评之道，他走到这些人面前，递给每个人一支雪茄烟，说："年轻人，如果你们愿意到别处去吸烟，我会很感谢你们的。"胆战心惊的工人们心里有数，老板知道他们坏了规矩，但他却没说什么，相反送给每人一支雪茄。他们从老板那里感受到了自己的重要性,保住了面子不难堪,因此,他们对自己的上司更加敬重了。这样的领导没有人会讨厌。

说服一个人,如果总是自己头头是道,无情地剥掉了别人的面子,伤害了他的自尊心,那样就容易抹杀你与别人之间原有的很深的感情,你将得不偿失。即使你是领导,也应该学着用温言细语说服,这样既能赢得他人的尊重,又能达到自己的目的。而如果不顾及别人的面子,即使达到了说服的效果,但却不一定能保证他一定是心服口服的,而且还会对彼此之间的感情造成伤害。

3

在中国这个"熟人社会"里,人与人之间产生冲突的最基本原因除了利益之外,就是面子问题。它是社交的第一课。

就像在职场中,你想要改变同事已公开宣布的立场,首先要做的就是尽量顾全他的面子,使对方不至于背上出尔反尔的包袱。假如在一开始,你与同事在没有掌握全部事实的情况下产生了分歧,为了说服他,你可以这样说:"当然,我完全理解你为什么会这样设想,因为你那时不知道那回事。"或者说:"最初,我也是这样想的,但后来当我了解到全部情况后,我就知道自己错了。"这样的表达可以把对方从自我矛盾中解放出来,使他体面地收回先前的立场,你们之间的关系却不会受到任何负面影响。

不给别人面子不啻于伤别人自尊，亲密的朋友因此反目成仇也是有的。无论何时，我们都得维护别人的面子，打人莫打脸，说话莫揭短。

除非万不得已，否则一定要考虑到保全朋友的颜面，只有这样，你才算一个合格的社交人士。譬如，你想要改变朋友已公开宣布的立场，首先要做的是尽量顾全他的面子，使对方不至于背上出尔反尔的包袱。

只有控制狂才会 "掘地三尺"

所有的关系，都不宜过分亲密，甚至是与自己的父母、孩子的关系。每个独立个体都需要隐私，每种关系都需要一点距离。

我不怕你对我坏，却怕你对我太好

1

　　每个人都需要一个能够把握的自我空间，它犹如一个无形的"气泡"为自己划分了一定的"领域"，而当这个"领域"被他人触犯时，人便会觉得不舒服、不安全，甚至开始恼怒。

　　许多人都有这样的经验和体会：与某人的关系越亲密，越容易与其发生摩擦和矛盾，反倒不及与初次见面者交往容易。家庭成员、情侣之间常常相互埋怨，正是这种情况的表现。按理说应该是交往得越深，就越容易相处，相互之间的人际关系也越好，可事实上并非如此。原因何在？

　　这其实可以用心理学上的刺猬法则（也叫心理距离效应）来解释。那么，什么是刺猬法则呢？

　　刺猬法则说的是这样一个十分有趣的现象：在寒冷的冬季，两只困倦的刺猬因为冷而拥抱在了一起，但是由于它们各自身上都长满了刺，紧挨在一起就会刺痛对方，所以无论如何都睡不舒服。因此，两只刺猬就分开了一段距离，可是这样又实在冷得难以忍受，因此它们就又抱在了一起。折腾了好几次，它们终于找到了一个比较合适的距离，既能够相互取暖又不会被扎。这也就是我们所说的在人际交往过程中的"心理距离效应"。

在现实生活中，这种例子举不胜举。一个你原来非常敬佩或喜欢的人，与其亲密接触一段时间后，对方的缺点就日益显露出来，你就会在不知不觉中改变自己对其原有的感情，甚至变得非常失望与讨厌他。夫妻、恋人、朋友以及师生之间都不例外。

曾有人做过这样一个实验。在一个大阅览室中，当里面仅有一位读者的时候，心理学家便进去坐在他（她）身旁，来测试他（她）的反应。结果，大部分人都快速、默默地远离心理学家到别的地方坐下，还有人非常干脆明确地说："你想干什么？"这个实验一共测试了整整80个人，结果都相同：在一个仅有两位读者的空旷阅览室中，任何一个被测试者都无法忍受一个陌生人紧挨着自己坐下。

由此可见，人和人之间需要保持一定的空间距离。人人都需要一个能够把握的自我空间，它犹如一个无形的"气泡"为自己划分了一定的"领域"，而当这个"领域"被他人触犯时，人便会觉得不舒服、不安全，甚至开始恼怒。

2

有的时候人们常有这样的感觉，每天和爱人朝夕相处的时候，不觉得爱人很重要，一旦对方出差很长时间，却觉得对方在自己的生命里尤为重要。

这就是人们常说的"距离产生美"。就像我们经常在影视剧里看到的情景：一个男孩一直苦苦追求一个女孩，在追求的时候对她无比关心，可是女孩却总不领情，当这个男孩丧失信心停止追求之后，女孩往往会突然发现，自己好像爱上了这个男孩。这就是"距离产生美"的心理效果——不一定是真的爱，但却是心理的变化。

懂得这个道理，我们就可以用"距离"来操纵对方的心理，实现自己的目标了。运用到管理实践中，就是领导者与下属保持心理距离，就可以避免下属的防备和紧张，减少下属对自己的恭维、奉承、送礼、行贿等行为，可以防止与下属称兄道弟、吃喝不分……

总之，这样做既可以获得下属的尊重，又能保证在工作中不丧失原则。一个优秀的领导者和管理者，要做到"疏者密之，密者疏之"，这才是成功之道。

著名的酒店之王希尔顿就深谙此道。

希尔顿为自己的旅馆王国立下过一条原则：最低的收费和最佳的服务。他要求饭店的所有职员一定要做到和气为贵，顾客至上。不管谁违反了这一规定，都要受到严厉的惩罚。

在平时的工作中，希尔顿总是和蔼可亲，他爱与员工们谈天，关心他们的生活，热心帮助解决员工的困难，所以员工们与他的关系都很融洽。和希尔顿聊天，就像是和一位长辈谈心，不用拘束，也不用担忧，因为他是把每个人都当作酒店的主人来对待的。

但是在原则问题上，他是绝不含糊的。在空余时间，他从不要求管理人员到家做客，也从不接受他们的邀请。

一次，饭店一位经理与顾客发生了争执，居然还大吵了起来。希尔顿知道这件事后，立刻辞退了这位经理。虽然这位经理业务能力很强，为饭店做出过不小的贡献，但希尔顿并没有姑息他，而是严格地执行了规章制度。

希尔顿这种说一不二的性格，使得许多员工都认为他是一个特别严肃的人，所以都很尊重他，而正是这种保持适度距离的管理，让希尔顿在酒店中的威望与日俱增。

与员工保持一定的距离，既不会使你高高在上，也不会使你与员工互相混淆身份。这是管理的一种最佳状态。距离的保持靠一定的原则来维持，这种原则对所有人都一视同仁：既可以约束领导者自己，也可以约束员工。掌握了这个原则，也就掌握了成功管理的秘诀之一。

3

在美国著名人类学家爱德华·霍尔博士看来："通常而言，彼此间的自我空间范围是由交往双方的人际关系与他们所处的情境来决定的。"

据此，他划分了四种区域或者距离，每种距离分别对应不同的双方关系。

第一种是亲密距离。

这是人际交往中的最小距离，甚至被叫做零距离，也就是人们经常说的"亲密无间"。它的近范围是在6英寸（约0.15米）内，在此距离内，人们相互之间可以肌肤相触，耳鬓厮磨，以至能够感受到对方的体温、气味以及气息。

它的远范围是6～18英寸（0.15～0.44米），在此距离内，人们可以挽臂执手或者促膝谈心，通过一定程度上的身体接触来体现出相互之间亲密友好的关系。

在现实生活中，这种距离主要出现在最亲密的人之间。在同性间，常常仅限于贴心朋友；在异性间，仅限于夫妻与恋人。

所以，在人际交往过程中，倘若一个不属于该亲密距离圈中的人，在没有经过对方允许时随意闯入这个空间，无论其用心与目的怎样，都是不礼貌的行为，都会引起对方的反感与彼此的尴尬，一般会自讨没趣。

第二种是个人距离。

这是在人际交往过程中稍有分寸感的距离。在此距离内，人们相互之间直接的身体接触已不多。其近范围在1.5～2.5英尺（0.46～0.76米），以能够互相握手及友好交谈为宜。这是熟人之间交往的空间。若是一个陌生人贸然进入此空间，就会构成对他人的侵犯。

其远范围在2.5～4英尺（0.76～1.22米）。所有朋友与熟人都可以自由进入该距离，但一般情况下，和比较融洽的熟人谈话时，距离更靠近远范围的近距离 (2.5英尺) 一端，而陌生人之间交往时则更靠近远范围的远距离（4英尺）一端。

第三种是社交距离。

它和个人距离相比，无疑又远了一步，体现的是一种社交性或者礼节上的比较正式的关系。其近范围是4～7英尺（1.2～2.1米），人们在工作场所与社交聚会上通常都保持这种空间距离。

一次，主办人在安排外交会谈座位的时候发生疏忽，在两个并列的单人沙发中间未摆放茶几。结果，坐在那儿的两位客人一直都尽可能靠在沙发的外侧扶手上，而且身体也经常后仰。可以看出，在不同的情境和关系下，人们就需要调整不同的人际距离。倘若距离和情境、关系不对应的话，就会使人们出现明显的心理不适。

这种社交距离的远范围是7～12英尺（2.1～3.7米），它被认为是一种更正式的交往关系。

在公司里，经理们一般使用一个大而宽阔的办公桌，并在离桌子一段距离处摆放来访者的座位，这样就能和来访者在谈话时保持一定的距离。同理，在企业领导人之间谈判、工作招聘面试、教授与学生的论文答辩等时候，也常常都要隔一张桌子或者保持一定的距离，这样便增加了庄重的气氛，也增加了双方的适应程度，显得更得体与正式。

第四种是公众距离。

这种距离是在公开演说时演说者和听众之间保持的距离。它的范围一般在12～25英尺（3.7～7.6米），其最远范围在上百英尺以外。

这是一个基本上能够容纳所有人的"门户开放"空间。在此空间内，人们是可以相互之间不发生任何联系的，甚至人们完全可以对处于此空间内的其他人"视而不见"，不和他们交往。

4

由此可见，在人际交往时，双方之间相距的空间距离是彼此之间是否亲近、友好的重要标志。所以，在人际交往中，选择正确的空间距离非常关键。

我的一位朋友就经常抱怨：三番五次地接到通讯公司发来的服务短信，说什么你刚才拨打的电话彩铃非常好听，要不免费试用两个月？弄得他烦不胜烦……类似的事情还有很多：比如美容店、理发厅给爱美的女士极力推荐美容新产品，推销办理各种会员积分卡、消费卡；影楼拍摄照片，店员极力推荐所谓的"优惠套餐"，并想尽办法让你增加洗片数量；到银行办理贷款，柜员费尽口舌要你办理某种理财业务；进入超市购物，服务员极力推荐某种洗发产品等等……

记住，有的时候对人过分热情，反而没有任何效果，甚至会招来反感！

朋友做错了事，却让你来收拾残局

1

你有没有遇到这种情况：当朋友将一件事情做得不如人意时，他总会把你当"全能先生"搬出来。在他眼里，你有着钢筋铁骨，任何难题在你面前都不是难题。可对于你来说，那些事情你也都是硬着头皮才解决的。要想摆脱被当成"全能先生"的窘境，你就要想方设法跳出无限循环的怪圈。

很多人都扮演过"全能先生"的角色：朋友做错了事，却让你出来收拾残局；朋友做的策划案漏洞百出，却总要你补救完善……如果你在一开始就据理力争，亮出自己的"底牌"，那结果会不会不一样呢？

2

小吕和郑海是非常要好的哥们儿，上学时一起上课下课，毕业后又在一家公司，再加上两人都是单身，于是就过起了"同居生活"。

小吕性格活泼，大大咧咧，而郑海的性格就比较老实，也不爱说话。两个人在一起闲聊时，大多是小吕掌握话语权，郑海充当听众。

两个人在一起时间一长，生活上就产生各种各样的矛盾：小吕天性开朗，喜欢交朋友，所以经常带同学或同事来家里聚会，弄得家里乱七八糟的，最后还得让郑海收拾，为此，郑海头疼不已；小吕做事总是三分钟热情，心血来潮时，就说要养宠物，隔天还真的买了一只，等热情退下去后，小狗的起居饮食又落到了郑海的身上。

郑海已经认识小吕好多年了，熟悉他的秉性，想想都是哥们儿，没必要那么计较。然而，后来的事情让郑海忍无可忍。

小吕喜欢下厨房，但是他的厨艺不好，结果糟蹋了一大堆的菜，最后只能郑海去处理。没多久，小吕就交了个女朋友，两人出双入对，完全忽略了郑海的感受。他女友一来，做饭、打扫、收拾碗筷就成了郑海的常事。某次，小吕的女友来这过夜，郑海不想当电灯泡，就成了无家可回的"流浪儿"。

可是，第二天早上回到家时，郑海看到客厅里面已经被小吕和女朋友搞得一片狼藉。郑海终于忍不住向小吕发火了："这屋子是我们两人住的，难道你就不能注意保持一下室内整洁吗？"

小吕漫不经心地回答说："咱俩可是哥们儿，你怎么还和我这么见外呢？我不打扫，不是还有你吗！回头兄弟请你吃饭啊！"

郑海不是因为小吕没有注意室内环境的卫生而生气，而是因为他始终把自己当成"全能先生"而生气。郑海觉得，自己不愿意去计较这些,可小吕也太不拿自己当"外人"了,自己不是保姆,不是宠物专家,更不是被呼来唤去的小跟班。

又过了几天,小吕喝了点酒,开着郑海新买的二手车兜风,结果不小心撞到了人。借着酒劲儿,小吕竟然选择了逃逸。直到两天后,警察找上门来,郑海才知道发生了什么事情。当他气急败坏地找到小吕时,小吕却说:"你就先替我顶一下,大不了就是罚一点钱,没有什么大不了的。我现在忙,脱不开身。"

这一次,郑海真的生气了!他没有想到小吕会说出这么不负责任的话。他怒火中烧地对小吕说:"我只是你的朋友,并不是你用来处理麻烦事的工具。如果你不去自首的话,我只能去举报你。"

郑海说完后就转身离去了,只剩下一脸惊愕的小吕。

3

郑海和小吕是多年的好哥们,理应互相照顾,但小吕却把郑海的付出当作"理所当然"。要知道,再好的朋友也要为彼此留一些独立的空间。没有人是"全能先生",也不要期望对方是"全能先生"。作为朋友,互相帮忙当然是可以的,但如果超过了一定的限度,就很容易引起争吵和猜疑了。

我们要让自己保持一份良好的心态。不过分依赖他人,也不过分包容对方的过错。有了一份良好的心态,才能够从正确的角度去寻找事情变成这样的缘由。

我们要学会如何避免此类情况的再次发生。两个人坦诚相对，直接告诉彼此的底线，商量出一个最佳的对策。如打扫卫生，可以一人一周或一人一天。宠物由谁来养，如果小吕愿意养，那就应该承担宠物的起居饮食，而不是让郑海承担；如果小吕不愿意养，那可以送给爱狗之人。两个人既然在同一个屋檐下生活，那就要学会互相尊重，学会换位思考。

同时，我们要让对方清楚明白，自己帮助他解决难题，并不等于自己愿意无休止地让步，而是真心实意把对方当哥们儿。就如小吕"肇事"一事，就是因为郑海的一再容忍、小吕的不知悔改才酿成错误。

此时，郑海应该耐心告诉他："一个男人最好的品质就是承担责任，你应该学会去为自己的错误负责。"当然，这并不是说要你和朋友之间划出楚河汉界，而是需要明确地告诉对方，作为朋友，应该帮助他改正不正确的行为习惯。

总之，替朋友处理烂摊子，受点委屈、吃一点儿亏勉强可以接受，但不能把吃亏当成一种习惯，将自己抛进万劫不复的深渊之中。

细节真的决定成败吗?

1

朋友做过这样一个心理测验:他约了一组人,给他们两个选择,一份是当前可以填饱肚子的美味午餐,一份是给你一生幸福的承诺,请他们做选择。结果,只有少数人选择了美味的午餐。其他人则觉得,一生的幸福和一顿午餐相比,当然是前者重要得多。

选择美味的人很现实,懂得珍惜眼前,做到见好就收。而选择承诺的人,则是想拥有更多。想拥有并非就真能得到,因为一生太遥远,谁也无法预料到上天会不时给你的生活弄些什么不愉快。

有时候细节的确可以助你成功,但却绝不会是你成功的主力军。

三国时期,蜀国蒋琬执政期间,他有个属下叫杨戏,别人都叫他"杨白痴"。杨戏最让对手高兴的地方就是一点不关注细节,每次见到同僚,顶多点个头,那些有关礼仪、恭维话,全都没有。有时候就连蒋琬和他谈话,他也懒洋洋的,只应不答。这样狂妄不懂细节的人,当然得罪了非常多的人。于是,同僚们都到蒋琬面前打他的小报告，说："杨戏这家伙太狂妄了呀！对谁都这么怠慢，没有礼仪，不懂规矩，应该狠狠治他的罪！"没想到蒋琬坦然一笑说："人各有秉性，他虽然不懂规矩，但做事很有原则。怎么能因小节毁了一个人才呢！"

这两个人真是搭配得天衣无缝，同样都不固执于细节，却把政事打理得井井有条。

我们不是政客，也不是在舞台上表演的名角，当然也没必要每天沉思于如何搞好每一个细节来改变自己。倒不如学学杨戏，坦诚些，真实些，实实在在生活，踏踏实实做事，这样不是来得更痛快一些？

2

郑楠和如风大学毕业后，应聘到同一家公司工作。郑楠心细聪明，做事很有分寸，刚到新单位，满脑子想的就是如何和同事打得火热，和上司搞好关系，这样做当然是为了尽快升迁。也真难为了这女生，每天除了应付工作，还要应付工作之外的方方面面，生怕一个小细节做得不好，给人留下口舌，影响了自己的前途。而如风呢，真如她的名字，整天风风火火，像一阵风一样。每天上班，匆匆来，匆匆去。更为糟糕的是，有时看到上司，她真像没长眼睛似的，根本不会说一句让人浑身顺畅的赞美或者投其所好的谄媚话。看到同伴如此不懂人情世故，郑楠赶快出手相助，频频教导说："别整天马大哈，要会掌握和营造让你成功的细节。想升迁，想拿足够多的奖金，群众基础和上司关爱，这两点缺了哪个也不行，你得赶快努力哦……"

如风貌似挺给面子，还真的比过去努力多了，但却不是在细节上，而是在工作上。

看到同伴如此不开窍，郑楠一面叹息，也一面暗自得意：好事轮不到你，别说姐没提醒过你！

情形似乎并没按郑楠的设想往前走。一年后，如风升任科室主任，拿全办公室最高的奖金，而郑楠原地踏步，还是最初的业务员。这一次，轮到如风反过来教育郑楠："细节就像烂铁皮上镀的铜，貌似黄金，但经不得天长地久的考验，总会露出本来面目。但一个人的能力和才干，却是真金。把经营细节的心，用到提高自己的业务上，你肯定会有很大的收获。"……郑楠听得无法反驳。

3

看看古往今来成功的人，哪一个是每天只盯着细节问题纠缠，琢磨后再琢磨？而利用一个细节成功的人，就如每期彩票巨奖的获得者，几百万中的一个呀。你情愿把自己放在这几百万之一，磨尽自己的心智才能？

细节足够重要，但绝对不是打造成功的主力军。如果一个人过度沉湎于无数的细节中，哪还有心思去做事业？老板的眼睛是雪亮的，恨不得把你的全部时间都变成工作效益。还是少花些心思去营造所谓的细节，努力做好事情，提高自己的业务，恐怕才是你通向升职的捷径。

别人谈论是非时，你要专心做事

1

安琦是一个刚进公司的新人，她工作非常出色，就是总一副忧愁的样子，没有一点笑容。公司的米大姐见此觉得很奇怪，很想打听安琦为什么总不开心。于是她很热心地邀请安琦去她家吃饭，还告诉了安琦自己的秘密。

看米大姐这么热心，还将自己的秘密说出来，安琦很感动，她感觉和米大姐已经心灵相通。于是，安琦将自己的心事也全都说了出来。原来，安琦爱上了自己的上司，因此才不开心。

然而没过多久，安琦发现同事们总是用一种奇怪的眼光看着她，她觉得很诧异。终于有一天，公司的另一位同事偷偷告诉安琦说："你的事，大家都知道了！你不应该将秘密告诉米大姐的，她是个出了名的大嘴巴!"

安琦觉得愕然："可是她，她也将秘密告诉我了啊?"小姚摇了摇头，对安琦说道："人家和你不一样，人家米大姐不在乎这些东西，她和自己老公幸福着呢。"安琦听了真是悔不当初，但是又有什么用? 最后安琦因为受不了流言的压力，辞去了干得好好的工作。

安琦的失败就在于，她轻易地告诉了别人自己的秘密，将自己陷入了是非圈中。在职场上，不论对别人说自己的秘密，还是去听别人的秘密，对自己都是没有任何好处的，会对你的职场生涯产生很多负面影响。

2

玲玲半年前准备跳槽到她已经联系好的新公司，结果却被那家公司给辞退了，后来还一直找不到合适的工作。这是为什么呢? 原来她在即将跳槽的那段时间，给自己的嘴巴彻底松了绑，让自己当了一回"长舌妇"，过了把口舌之瘾。

玲玲在原来公司的人力资源部工作，因此了解公司里很多人事关系，以及非常敏感的薪资问题。平时，她都会管住自己的嘴。可年终时因为找到了另一家好公司，她管不住自己的嘴了，开始向同事们抱怨这个上司或那个上司不好，或者是说出了上次的年终奖谁高谁低等，给上司惹了不少麻烦。

她没想到的是，谈妥了的新公司也反悔了，原因就是这件事情经过原来的同事、上司的口，逐渐在业内传开了，这也导致她在后来的求职中不断碰壁。

所以，即使你将另谋新路，也不要放松对自己的警惕，一定要管好自己的嘴巴，多做事，少说话，因为饶舌的人到哪儿都不受人欢迎。

你的身边可能也不乏这种人，如果他是你的部下，你就得多花点时间在他身上了。比如，可以抽空多和他聊聊天，告诉他有饶舌的时间，还不如多学点实用的东西，以提高自己的能力，不要动不动就说人是非，传播小道消息。

如果他是你的同事，那么最好不要和这种人多说话，你要做的就是埋头做事，不要对他有所回应。这样次数多了，他自然也就不找你说了，还可以避免影响同事之间的感情。

3

古语说，说是非者，本是是非人。凡是与是非沾边的人，麻烦肯定多。

赵聪、李卫、玲玲三个人是好朋友，也经常聚到一起谈天。有一次，赵聪让李卫和玲玲陪她一起逛街买衣服，玲玲有些不舒服就没去。赵聪和李卫一边逛街一边聊天，玲玲是她们共同的朋友，她们便无意识地聊起了玲玲。她们从她的家庭，到她的婚姻、性格等等，整个都评价了一番。

没过一段时间，赵聪老觉得玲玲说话喜欢针对她，无论她说什么话，玲玲都会用尖酸刻薄的方式反击。有一次，她有意问玲玲为什么突然这么对她，玲玲说："我没怎么对你啊，总好过你把我的家底都抖搂出来啊。"赵聪这才明白，她和李卫无意的聊天，却让玲玲对她产生这么大的敌意。

在别人背后说别人不是，如果让人听到，即使不是什么太过分的话，也会让人觉得不舒服，甚至有些话还会让人记恨。

但是，如果你能把说别人不是的话改成对别人的赞美，可想而知，别人因为在背后听到来自你的赞美，即使从前对你很不友好，此后也会改变对你的看法。假如你实在是对某人感到非常不满，那么也要斟酌掂量能不能说，怎么说合适。

千万不要因为一时口快，让人给加个"是非精"的罪名。这样既辱没了你的人格素养，在朋友圈中也不会受人待见。

每个人的身边都常有一些饶舌之人，喜欢说人是非，挖人隐私，甚至打听不到还会胡乱编排，造成同事之间不必要的误会。这种人非常惹人讨厌，让人烦不胜烦。我们都不要成为这种人，因此我们应该做的是少说话，多做事！免得不知不觉被人拉入了是非圈！

你对我的挑剔，让我很头疼

1

某公司的小李总是喜欢在同事谈话的时候，给人挑出一些莫须有的毛病。有一次，公司在某个饭店做年终聚餐，大家都高高兴兴地举起杯来敬王经理酒，同事小美有点木讷，平时一说话就脸红，何况在这样的场合中给自己的上司敬酒。

她端起杯来支吾了半天说："王经理，谢谢你对我的照顾。明年我一定会更加努力的。"小李马上接过话说："你应该把'我'改成'我们'，因为我们都是王经理的属下，是不是？还有，现在过了元旦就是今年了，那还要等到明年才努力啊。"小美听了非常尴尬，脸更红了，幸好有其他同事给打圆场，才让小美下了台。之后这个饭局，小美一直都不敢轻易说话。

还有一次，小李和另外一个同事一起去拜访客户，刚好客户出去有事，在对方的办公室里等了好久都没回来，于是他们打算离开，可是刚走到门口见客户开车从外面回来了。同事为了寒暄说了句："刘总，你的车子不错啊，是本田的哈！"小李接过来就说："那是北京现代好不好。"客户刘总笑了笑说："是北京现代，本田的贵啊！"结果弄得自己和同事都有些尴尬。

可见，刻意去渲染他人的错误，实在是一件损人又不利己的事情。与此相反，在他人犯错误的时候，如果你能用语言来化解别人的困境，却是一件利人又利己的好事。

2

刘放是一家教育机构的小职员。他们的部门主任陈林因为办事不力，给公司造成了一定的损失，总经理除了对他批评指责，还扬言说要扣掉这个月他们所在部门的所有奖金。

这样一来，大家对陈主任都很有怨气，觉得是因为他大家都受到了连累。

刘放就在私下里对大家说："其实，这次失误主要是我们的产品没有把好关，产品检验没做好，放过了好几个不合格的。并且我路过经理办公室的时候，还听到陈主任为大家争取奖金，说要把所有的损失都自己来承担。"

听到这些，大家对陈主任也没有那么多的怨气了，刘放接着说："其实，陈主任他家也挺困难的，有一次我在菜场碰到他，就为几毛钱的东西还和人家讲价。这次不管怎么说，陈主任也尽力为我们争取奖金了，只是经理不领情。"

经过刘放这么协调，大家对陈主任的态度也有所改观了。通过部门的共同努力，之后每个月拿到的奖金都比其他部门高。

刘放也因此让陈主任刮目相看。因为年龄都差不多，此后，陈主任不管做什么事总喜欢找刘放帮忙，或者协商，在工作中他们是最好的搭档，在生活中他们也成了好朋友。

3

挑剔似乎是让人最头痛的一件事。无论是在什么场合，你若是觉得这也不对那也不对，会让人对你的人品提出质疑。

比如，女孩子和男朋友一起去饭店吃饭，点了七八个菜，她却总能从中挑出点毛病来：这道菜做得太咸了；这个放的辣椒太多了；这个菜要多放点醋就好吃了；这是什么菜啊，太腻了；这道菜炒太烂了；这家的茶水好淡……总之没有一样东西是合意的。这样的人，就算有些人为了顾及面子，不当面指出，内心却会有些微词。

另外，英雄也有落难、犯错的时候，因此，我们不妨在别人遭遇尴尬的时候帮忙打圆场，这要比总挑别人毛病实在得多。这样的人不但在事业上能得到发展的机会，在社交圈里也很受大家的尊重和欢迎。

不要轻易揭别人的"老底儿"

1

李峰与吴雪平从小学到大学都是同学，又在同一座城市工作。两人有事没事就互相联系，遇到什么不顺心的事都会找对方诉说。

可是，吴雪平虽长得漂亮，说话却总是口无遮拦。小时候，李峰不爱讲卫生，吴雪平就总是直言不讳地说："李峰啊，你该洗洗你的手了，再不洗，就可以和煤球比黑了。"引得同学一阵爆笑，让李峰非常尴尬。长大后，李峰很忌讳别人提及他小时候那些丢人事。

有一次同学聚会，吴雪平跟大家聊天时扯到了小时候的一些话题，她说："李峰小时候特别不爱干净，有了鼻涕用手一抹就解决了。"

同学听了哈哈大笑，李峰的脸色一下子阴沉下来，有人觉察到就对吴雪平使眼色，但是吴雪平根本没有领会其意，还继续聊着，并且越聊越起劲。李峰的脸色变得更加苍白，对吴雪平怒目而视。虽然李峰最终还是控制了自己的情绪，但是对吴雪平他只有反感了。

之后，李峰很少再跟吴雪平聊天，就算吴雪平主动发起谈话，他也爱理不理的。

2

故意揭短是敌视、攻击对方的武器，无意揭短是因为某种原因不小心触犯了对方的忌讳。但有心也好，无意也罢，在待人处世中揭人之短一定会让对方觉得不好受，轻则影响双方的感情，重则导致友情毁灭。

所以还是俗话说得好，"打人不打脸，揭人不揭短"，要想与人和谐相处，就要尽量体谅他人，维护他人自尊，避开言语"雷区"，千万不要揭人"老底儿"。

有一次，丈夫下班回家关门的声音太响，妻子听见后就对他说："不想回家就别回来，别一回来就摔门。"于是，两个人就开始互相指责对方的不是，没完没了地吵起来。

心情本来就不好的妻子见丈夫对自己有那么多不满，心想：工资没我拿得多，大部分家务也是我来做，还这样说我。于是更火了，专挑难听的话说。

"你有本事别让我们住这破房子啊！你有什么本事，还好意思说我，就有被同事算计的能耐，被自己的'铁哥们'给陷害了，还蒙在鼓里，还给人家帮忙，真怀疑你是不是长了个猪脑子！"

丈夫听了这些话非常受刺激：被自己的朋友利用是很早以前的事，原本已经过去了，妻子却还在这个时候提起。他当即摔门而去。

许多人常常一激动或生气，在讲不出道理的时候，就选择揭对方的"伤疤"，于是矛盾就由此激化。

朋友在一起聊天，说着说着就开起了玩笑。很多人喜欢拿朋友的短处来开玩笑，自认为那样可以调动聊天气氛；其实那样很容易伤害朋友的感情，即使朋友当面不提，内心也会不好受。

揭朋友伤疤，会让朋友想起一段不愉快的回忆，继而让朋友感到寒心。寒心不光是因为旧痛，更因为对方选择用旧痛伤害自己："都已经过去的事情了，现在还抓住不放，真是太过分了。"

3

每个人都有一根敏感神经，也就是鲜有人知的"老底儿"，比如一些缺点、不足、尴尬事、旧痛伤疤等等。它是人际交往中的一块"雷区"，如果你踩到了，很可能炸伤自己。没有人希望别人提及这些自己的痛点，当别人提及这些并大做文章时，相信谁心里都不会舒服。

在与人交往中，如果想得到对方的欣赏、帮助和友谊，就应该多提对方的优点，而绝不是触摸那些敏感神经。

要杜绝自己揭人疮疤的行为，除了知晓利害关系、提高自控能力外，还须完善自己的人格修养。当你经过多管齐下的努力后，相信你会多考虑朋友的内心感受，朋友之间不再有互揭老底儿的行为，友谊之路也更加顺畅。

以你现在的能力，给你引荐贵人有什么用

1

我相信，二十几岁的年纪的人总是被告知，要去结交优秀的人，要去结交大人物，他们带给你的好处，是不可限量的。这是真的吗？你觉得，当你还只是个名不见经传的小人物，只靠一脸谄媚，就能求来所谓的高端人脉吗？

那我就给大家讲个故事吧：

一个亲戚的儿子，大学刚毕业，工作了几个月，实在受不了微薄的薪水，就辞职打算创业发大财。听说在老家做生意离不开关系，就特别想结交一些机关里的朋友：有个认识的人，办事总是方便的。

春节的时候，在另外一个朋友的牵线搭桥下，他组织了一个饭局，请来了几个在机关里上班的朋友作陪。这位做生意的朋友，低眉顺眼地挨个敬酒。有人问他准备干啥项目？他说："没想好呢，不过不管做啥，以后肯定有用得着大家的地方，

还承蒙哥哥多多关照啊。"

然后，在"您随意，我干了"的冲天豪气中，不胜酒力的他很快酩酊大醉，倒在椅子上呼呼大睡，喊都喊不醒。

最后，还是帮他牵线的朋友结了账，送他回了家。

……

酒醒后，他挨个给大家发消息说："真不好意思，让哥哥们见笑了。那天兄弟我喝醉了，如果有不妥当的行为，还请哥哥多多包涵。改天，我再组织个饭局，大家聚聚。"

改天，他再组织饭局，大家都借口推托了。

2

我们，总是急于构建一个高大上的人脉圈，以利用其中的资源和机会，却不曾想我们有什么值得帮助呢？这时候的我们一穷二白，既无成就，更无资本。

作为一个一无所有的年轻人，不要期望用卑躬屈膝的姿态去获取真正的友谊。要想获得友谊，你得显示出自己的价值来。

当年16岁的白居易到长安赶考，虽然才华横溢，但彼时尚没有声名远播，在偌大的长安城里并不得志。于是，他决定去拜访当时的名士也是著名诗人的顾况，希望得到对方的推荐。

当时的白居易只是一个无名小辈，而顾况已经是地位颇高的著作郎了，自然打心眼里瞧不起这个年轻人。他见白居易的拜帖封页上只写着"太原白居易诗"这6个字，其他竟无半句客套话，顾况心里有点不舒服，就嘲笑他说："米价方贵，居亦弗易。"

言下之意非常明显，就是我为什么要帮助你这个无名小辈呢？并且帮助你在长安成名又有什么意义呢？但当顾况接着看白居易递上去的诗作，翻阅到其中《赋得古原草送别》一首，精神顿时清爽起来；特别是读到其中"野火烧不尽，春风吹又生"一句时更是心情激动，忍不住拍案叫好。

顾况不由得改口称赞说："有才如此，居亦易矣！"认为白居易是个值得自己帮助的青年，于是答应了白居易的求助，帮助白居易广交长安名人雅士，并在仕途上助他一臂之力。后来，白居易在官场上顺风顺水，先后任秘书省校书郎、翰林学士、江州司马，官至太子少傅，仕途一路通达。

你提供不出和对方对等的价值，就没有资格拥有跟对方赏花喝茶的平等友谊！以你现在的能力，给你引荐美国总统特朗普又有什么用？但是马云却能和特朗普同台对话，谈笑风生。

无数社交专家教我们去攀龙附凤，结交大人物，去和比自己优秀的人在一起。但如果你不够优秀，能力就像扶不起的阿斗，谁会真的把你当成圈子里的朋友呢？

3

你们在资源上平等，彼此的身上有吸引对方的价值，这是两个人愿意往来的出发点。就像你手里有一个苹果，我手里有一个梨子，咱们交换一下，可以尝尝不同的味道。如果你的手里暂时没有梨子，你也得让对方看到你有得到一筐梨子的才华和潜力。

简单来说，你若想通过他人的帮助更上一层，就必须让他人看到自己有多强的能力和回报。

与人结交，身份上的差距常常会让你感到压力，你内心忐忑地想"某某朋友和对方关系不错"，"我和对方算起来还是沾亲带故的远房亲戚呢"，对方总得不看僧面看佛面，顾惜一点情面吧？

但你又不能确定对方会顾惜别人的情面而怜惜你，被拒绝的恐惧深深地控制了你，你不由自主地把头和腰低下去，再低下去，像哈巴狗一样，乞求对方施舍给你一块同情的"骨头"。

对不起，如果你以这样的姿态而来，只会让对方更加厌恶，恨不得踢你一脚，让你赶快滚开。当然，碍于自己的身份，他不会站起来踢你，但他连一个眼神都不想在你身上浪费。

与人结交，带着你的价值，才是对对方的尊重，也是对自己的尊重。而且你表现的价值越大，对方越愿意与你结交。

想要坐在桌前，与英雄煮酒论道，抚琴对月，畅谈天下？那就去修炼能入英雄法眼的才华吧。

四

懂的道理不必多，路都是一步步走

真正的成熟，不是把道理想得多么透彻，而是慢慢地认识到人生没有那么多道理。人都是一步步走，一点点懂的。长大之后才发现，原来不但别人没有照顾你的感受，连自己都忽略了自己的感受。于是，你抚慰自己的心，填饱自己的胃，擦干自己的泪，过好自己的生活。

一切都是拼过以后，才知道结果

1

在大山脚下，住着一群平凡的人。这里土壤贫瘠，交通不便，少与外界来往。这群人也都生活贫苦，目光短浅，志向低下。但这就是现实，他们祖祖辈辈如此，子子孙孙依旧，早已适应了这样的生活。

可是，有一天，他们之中有一个年轻人说："我要走出这里，我要到远方的世界去。这里已不再适合我，我要到一个更加富饶的地方，成就我人生应有的辉煌与伟大。"

此话一出，一传十，十传百，在这个角落里的所有人都听说了年轻人的志向。他们将这个年轻人包围，对他开始了一阵苦口婆心的劝说。

一个中年人说："山外的世界是什么？谁也不知道。一切都是未知的，未知便意味着存在危险，你可要三思而后行呀。"

一个老年人说："你要远行去寻找辉煌，这本是好事，但也不要太过于执着，以至于执迷不悟。毕竟当你一意孤行的时候，便是自取灭亡。"

这时，他们之中走出了一个哲学家。哲学家并没有长篇大论，他对这个年轻人说："记住，做人要知足常乐，不要这山望着那山高,还是安于眼下的生活吧,唯有这里,才是我们生存的根基。"

但这个年轻人去意已决,即使众人竭力挽留,也无济于事。最终,他还是出发了,离开了大山脚下,向着远方走去。

有太多的艰辛,也有太多的失落和困惑,但不论现实多么让人沮丧,这个年轻人都不曾想过回到曾经出发的地方。最终,这个年轻人走进了富饶的世界,那里繁华多姿、精彩纷呈,那里正是每个人梦想的天堂,而他也实现了梦想。

永远不要限制自己,认为自己做不到一些事情,从而不去做。那些最终成就人生的人,他们从不会自我设限,而是敢于打破外界的重重阻挠,向着更好的人生迈步,向着更辉煌的事业进军。

2

一片荒原上,蝴蝶翩翩,雄鹰高飞。

不知在什么时候,有一张纸飘落在了荒原上。

这里,正值春暖花开。一只蝴蝶翩然起舞,环绕于花丛中。

这张纸见了,心生羡慕,说:"如果有一天,我也可以像蝴蝶一样,飞舞于天空中,那该有多好!"

一只苍蝇见了,说:"你有翅膀吗?别说蝴蝶了,你就连做苍蝇的资格都没有。"

有一日，这张纸面对夜空，对着一颗最小的星星，问道："我们都是渺小的，难道我们注定不能实现自己的梦想吗？"

哪知，这颗最小的星星却不以为意，说："谁说我是渺小的，你看我渺小，那是因为我离你最远罢了。"并由衷地劝诫道："记住，梦想会带给你力量，没有什么不可能的。"

这张纸终于觉悟了，发自肺腑地说："我要飞上天空，像蝴蝶一样翩翩飞翔。"

蝴蝶听了，甚为愤怒，说："一张毫无生气的纸，也想与我们蝴蝶并驾齐驱吗？简直是白日做梦。"

但这张纸早已打定了主意，下定了决心。终于有一日，它在人的帮助下，飞上了蓝天。不仅高过了蝴蝶，甚至与雄鹰并驾齐驱。原来，它变成了一个蝴蝶样式的风筝。

无独有偶，地上有一根羽毛见了这张纸的转变，也发出了这样的设想，说："终有一天，我也要飞上天空，与雄鹰一争高下。"

一只麻雀见了，说："羽毛还能再上天吗？你连我都飞不过，更何况那高高在上的雄鹰呢！"

这根羽毛却依旧坚定，依旧执着，努力地寻找着飞上天空的力量。

天上的雄鹰也听说了羽毛的话，嘲笑道："一根羽毛如果能飞上天空，那么，我就能在大海里捉鲸鱼了，但可能吗？当然不可能！"

但这根羽毛却坚定地相信，一定能。后来，它发现了能让自己腾飞的力量。于是，它央求人将自己放在箭尾上，以保持箭的平衡。

晴空万里,一碧如洗。那只雄鹰依旧在天空中翱翔着。人看准时机,举弓拉箭,只见箭离弦而发,直上青云,将雄鹰射中。

在射中雄鹰的那一刻,这根羽毛对雄鹰说道:"世界上没有什么不可能,你觉得不可能,只是因为没有发现自己的力量。"

3

对于一个有梦想的人来说,没有什么是不可能的。在实现梦想的路上,虽然有坎坷,有困难,但是心底里的梦想会赐予他力量,让他有力量去克服所遇到的困难。

很多人总以渺小、平凡与失败自居,结果也正如他们所料,他们的人生以渺小、平凡与失败收场。其实,如此结果并非命中注定,而是他们从一开始就否定了自己,不去拼搏。相反,那些成功、伟大与辉煌的人,正因为他们相信了会有这样的结果,并且从一开始就为了这样的结果而努力,所以最终得到了成功的结果。记住,没有命中注定的未来,一切都是拼过以后,才知道结果。

一个成熟的智者,从来不会建议你在可以尝试的时候,去选择安稳;从来不会指导你在今后40年忘掉梦想和外面的世界;从来不会告诉你"算了吧大家都差不多",因为他们看到的不是差不多而是"差太多"。愈是成熟的智者，愈是明白，年轻是怎么一回事：年轻就是试错，战胜，再试错。因为，他自己也是这样做的。

你总有借口可以随意说出来

1

20世纪上半叶，飞行还处于螺旋桨式的小飞机时代，这类机型不仅无法长时间飞行，而且运载量低，故障率也高。美国环球公司为了发展航空科技，特别举办了一个有关航空的征文，题目是"我心目中的未来航空"。

其中，有位参赛者名叫海伦，非常热爱飞行，对航空更是充满憧憬，她认真地写下自己的梦想：……到了1985年，喷射飞机将能载运300位热爱天空的乘客，而且最高时速可达700英里，总航程可达5000万英里。有的飞机能自由降落，也能在大楼平台上紧急降落，而我们更可以乘坐飞机，很快地到达世界的各个角落游玩，像美丽的夏威夷或埃及的金字塔。这样旅程缩短了，生命时间也加长了！充满想象的海伦，还对机场的设施与导航设备等都做了预测。

然而，如此大胆的想象却不被人们看好，甚至当时的专家学者也认为这根本不可行。于是，海伦的"伟大想象"就这么被弃置了，没有人在意这份充满创意的"梦想"。

直到40年后，创意部门在整理档案时，统计出这些40年前的作品，一共有13000份。

大家在一一整理阅读时却发现，这些作品多数都很保守与缺乏创意，直到他们看见海伦的答案时才为之眼前一亮。

因为，当年她所"梦想"的，如今都已经实现了，而且几乎一模一样。大家为之惊奇不已，也对海伦由衷敬佩。

经过一番寻找，他们终于找到了海伦，当时她已经80多岁。公司带来了5万美元，作为迟来的奖励。

海伦通过她对飞行的了解与热爱，构建出对未来航空的憧憬。如果她的大胆想象获得当时评审者的青睐，并给予重视的话，海伦的梦想也许不必等到40年后才实现。

再奇妙的想法也需要勇敢地付诸实践，正因为没有付诸实践，海伦的设想才迟到了整整40年。因此，想法和周全的计划很重要，而勇敢地踏出实践的第一步更重要。

2

在法国南部一个很小的城市里，住着一群人。他们从来没有离开过小城，他们一直都认为这个小城是最美丽最富饶的地方。后来，有一位外地的客商路过小城，客商告诉他们：小城只不过是一个小得极不起眼的地方而已，小城之外还有很多地方比这个城市更美丽、更富饶。

听了客商的话，小城中的人们决定出去走一走，开开眼界。有了这个想法之后，他们决定在出发之前做一份周全的计划。他们根据客商的描述制订了一份内容详尽的计划。后来客商离开了小城，留给了他们一本关于旅行的书。根据这本书介绍的内容，他们感到最初制订的那份计划太不周全了，于是又加入了一些条款。

经过几次修改和完善，他们终于有了一份完整的出行计划，可还是不能立即出发，因为出行计划上罗列的许多东西他们还没有准备好。他们还要买地图，由于从来没有走出过小城，所以他们只能从外面来的一些商贩手中购买地图。终于有商贩来了，人们从商贩手中买了好几份地图，不过商贩告诉他们，如果想到更远的地方旅行最好用地球仪，于是他们又等待卖地球仪的商贩进城。

就这样，他们等到了地球仪。在买了地球仪之后，他们发现还需要火车时刻表，在有了火车时刻表之后他们又发现还需要指南针。在这些东西都准备好了之后，他们又觉得还需要一个行李箱，行李箱准备好了之后又发现没有锁出门不安全，他们又找铁匠打了一把十分保险的锁……

等人们把一切都准备好之后，他们才发现自己早已年老力衰，根本没有足够的力气实施当年制订的计划了。况且他们当初的那份雄心壮志早已被时间消耗殆尽了，最后他们就这样老死在小城中。

空有计划而不付诸实践是永远不可能成功的,就像故事中小城的人们一样,计划虽然天衣无缝,极尽完美,但是他们始终都不敢将计划付诸实践。这种前怕狼后怕虎的犹豫态度,最终也使得他们完美的计划付诸东流,没有产生任何实际效果。

3

老鼠家族召开紧急会议,商讨如何对付这户人家的另一个住户——猫。因为这只巨大的不速之客十分厉害,让老鼠们吃尽了苦头。于是大家开始献计献策,想要制定一个对付猫的万全之策。

"我们干脆研制一种毒药,让那只老猫一闻毙命!"一只老鼠首先说道。

"不行不行,那我们闻了岂不一样没命。"

"就是嘛!还有好主意吗?"

又有一只老鼠提议道:"那我们就培养猫吃鸡吃鸭的饮食习惯。"

众老鼠冥思苦想,纷纷献计,可都被否决了。

最后,一只老奸巨猾的老鼠开口说话了:"我有一个好主意,只是不知道有谁有这样的胆量。我们给猫的脖子上挂一个铃铛，只要猫一动，就会有响声，大家可以事先躲避起来，让猫扑空。"

众鼠异口同声地称赞道："这主意真是太妙了。高，实在是高！"

这项决议是通过了，可是由谁前去实施呢？这真是一个难题。结果没有一只老鼠敢去挂铃。后来鼠王重新召开家族会议商讨这个问题，并提出会有巨额奖金等以资鼓励，但是大家纷纷找借口推托着，因为谁也不想送死。

事情就这样一直拖着，老鼠们的日子仍旧不好过，时常受到猫的侵袭。

只有想法，而不去行动，就永远不会得到你想要的结果。任何事情你想得再多，说得再好，都不如亲自去尝试一下，一味地拖延只能失去更多的机会。

没有十全十美的事情，总有百分百的借口可以随意说出来。如果只是一味地拖拉、等待，不仅不能把事情从根本上解决掉，反而会错失良机，导致最后全盘崩溃。

不曾冒险，才是最大的风险

1

在人们喝着可口可乐的时候，大家可曾知道，这个饮料帝国的财富和影响力，是名叫阿萨·坎德勒的年轻店员在一次勇敢的尝试后最终得来的。

那是很久以前的事了。

一次，一位年迈的乡下医生驾着马车来到美国某个镇上，他拴好了马后，便悄悄从药房的后门进入里面，开始与一位年轻的店员谈生意，而那位年轻的店员正是饮料帝国的创始人阿萨·坎德勒。

在配方柜台的后面，这位老医师与那位年轻店员低声谈了一个多小时，然后走了出去，到他的马车上取出一只老式的大壶及一把木质的板子（用来在壶里搅拌的），把它们放在药店后面。店员检查了大壶之后，便从自己的内衣袋中取出一卷钞票，递给医师，是整整500美元，这是年轻店员的全部积蓄。

那医师于是又递过一小卷纸，上面写的是一个秘密公式。这小纸卷上的公式和文字，现在看来价值应高达当时一个总统的赎金，那上面记载着烧开这旧壶里的液体的方法。可是当时的医师和店员，谁都不知道从壶里流出来的，将是令人难以相信的财富。

老医师很高兴他那一件物品卖了500美元，年轻店员则冒了很大的危险，他把毕生的储蓄都花在这一小卷纸和一只旧壶上了。

当年轻店员把一种新成分与秘密公式的配方混合以后，旧壶的创造真正开始，逐渐形成了一个庞大的帝国。它雇用了与美国陆军同样多的职员，影响波及世界各地，这个帝国就是今天的可口可乐公司。

成功的人都清楚地认识到人生路上风险是在所难免的，但他们仍充满信心地在风险中争取事业的成功。然而，每个人所能承受的风险都有一定的限度，超过限度，风险就变成了一种负担，会对你的心理造成伤害，还会影响你生活的各个层面，包括工作、健康和家庭。

因此，当你准备进行冒险时，必须考虑到自己愿意和能够承担多大风险，这要根据个人的性格和条件来决定。

在生活中我们常常会舍近求远，到别处去寻找自己身边就有的东西。而机遇往往就在你的脚边，准确地讲，是在你的眼里、手里。这往往是考验一个人是不是有冒险精神的时候。

2

这是一位船长的亲身经历：

"那天晚上我们碰到了不幸的'中美洲'号，"一位船长讲述道，"天正渐渐地黑下来。海上风很大，海浪滔天，一浪比一浪高。我给那艘破旧的汽船发了个信号打招呼，问他们需不需要帮忙。'情况正变得越来越糟糕，'亨顿船长朝着我喊道。'那你要不要把所有的乘客先转到我的船上来呢？'我大声地问他。'现在不要紧，你明天早上再来帮我好不好？'他回答道。'好吧，我尽力而为，试一试吧。可是你现在先把乘客转到我船上不更好吗？'我回答他。'你还是明天早上再来帮我吧。'他依旧坚持道。我曾经试图向他靠近，但是，你知道，那时是在晚上，天又黑，浪又大，我怎么也无法固定自己的位置。后来我就再也没有见到过'中美洲'号。就在他与我对话后的一个半小时，他的船连同船上那些鲜活的生命就永远地沉入了海底。船长和他的船员以及大部分的乘客在海洋的深处为自己找到了最安静的坟墓。"

亨顿船长在机会离他咫尺时却忽略了，得以生存的机遇变得遥不可及的时候才意识到这个机会的价值，然而，在他面对死神的最后时刻，他再深深自责又有什么用呢？他的盲目乐观与优柔寡断使得多少乘客成了牺牲品！其实，在我们的生活当中，又有多少像亨顿船长这样的人，他们在欢乐的时刻盲目乐观，在噩运的面前又是那么软弱无力；只有在经历过之后，他们才幡然悔悟，明白了那句古老的格言"机不可失，时不再来"。然而，这时已经迟了。

3

在布朗大学流传着这样一个故事：

有一次，一个叫摩根的年轻人，由于工作原因，他被派往古巴采购海鲜货物。回来的时候，货船在新奥尔良码头做了短暂的停泊休憩。

摩根是一个很有心计的人，尤其是在时间管理和利用方面，更是独具匠心，比如，就是这一短暂的休憩也被他充分利用上了。别的人在休息室闲来无事，不知如何打发时间，而摩根却争分夺秒，抓紧时间步出码头，一面放松身心一面观察世情，寻找可能利用的商业机会。

上天不负有心人。就在摩根信步码头的时候，一位素昧平生的陌生人从后边猛然拍了一下摩根的肩膀，神秘地说道："尊贵的先生，请问您想买一些咖啡吗？"

摩根下意识地感觉到发财的机会出现了，马上回应道："有多少？"

"足够。"那陌生人幽默而机智地答道。

"什么价钱？"摩根问道。

陌生人仔细打量了一下摩根："如果你全部收下，我可以半价卖给你。"

"那当然。"摩根不假思索脱口而出。

经过详细了解，摩根得知——原来这位素昧平生的陌生人是一艘巴西货船的船长，正在为一位美国商人运来了一船的咖啡。可是，当咖啡运到码头的时候，那位收货的美国商人却意外破产了，根本无法支付货款而接收咖啡，他只好就地贱卖抛售。

"尊贵的摩根先生，如果您真的有诚意全部购买，我情愿只收半价，绝无戏言。"船长再一次强调。

"为什么？"摩根机警地反问。

"因为您等于帮了我一个大忙。"

"此话可当真？"

"当真！但是我有一个条件，就是我们必须以现金交易。"

摩根仔细察看了船长拿出来的样品，觉得咖啡的成色还不错，估计市场潜力很大，当即果断地决定全部买下。

实际上，摩根做出这样的决定是要冒极大商业风险的。这是因为，第一，此时的摩根初出茅庐，虽然是大学毕业生，但是还没有商业实践经验。第二，此时的摩根只是凭感觉做决定，还没有时间去找到合适的买家，万一这一船咖啡卖不出去，砸在手里，后果将不堪设想！但是，摩根还是没有任何犹豫，凭借着自己的直觉判断，果敢地接下了这船咖啡。

回到美国后，摩根马不停蹄，拿着咖啡样品，到当地所有与邓肯商行有联系的客户那儿去推销。

那些经验丰富的公司职员都劝摩根："年轻人，做事还是谨慎一点为好。虽然这些咖啡的价钱让人怦然心动，但是，谁敢保证船舱内所有的咖啡都同样品完全一样呢？更何况以前曾经多次发生过船员欺骗买主的事啊！"

摩根坚信自己的判断绝对没错。

此时摩根的热情高涨，马不停蹄地给纽约的邓肯商行发去电报，把这笔生意的情况告诉他们。喜形于色的摩根等来的却是当头棒喝。邓肯商行对摩根的举措严加指责：

"第一，绝对不许擅用公司名义做未经审批的事情！第二，务必立即撤销所有交易，不得有误！"

热血沸腾的摩根顿时凉透了心。但是，从小就争强好胜的摩根面对邓肯商行的坚决反对并没有丝毫畏惧退缩。他相信自己的直觉判断绝对没错，他认定这是一笔极为有利可图的大宗买卖。但是，没有了商行的支持，摩根不得不硬着头皮向远在伦敦的父亲吉诺斯求援。在父亲吉诺斯的支持下，摩根一不做二不休，索性放开手脚大干一场，把码头上其他几条船上的咖啡也以很便宜的价格全部买了下来，耐心等待抛出机会。动作之快，气魄之大，令人叹为观止。许多熟悉摩根的人都为他捏了一把汗！

也是老天有眼，没过多久，摩根就等来了很好的抛售机会。巴西的咖啡产量因为受到寒潮侵袭而骤然暴减，市场上居然出现了断货的情形。俗话说，物以稀为贵。此时咖啡的价格一下子暴涨了好几倍！结果，敢于冒险的摩根大赚特赚，几乎乐得嘴巴都合不拢了。

此后，摩根便创办了自己的公司，进行了一次又一次大胆的投资,并且几乎每次都是大获其利,最终成为左右美国经济达半世纪之久的金融巨擘!

摩根这种果敢的作风,在布朗大学的案例教学中被视为经典。

4

许多人认为自己贫穷,实际上他们有许多机会,只是需要他们在周围和种种潜力中,在比钻石更珍贵的能力中发掘机会。据统计,在美国东部的大城市中,至少94%的人第一次挣大钱是在家中,或在离家不远处,而且是为了满足日常、普通的需求。对于那些看不到身边机会,一心以为只有远走他乡才能发迹的人,这无异于当头一棒。不要等待千载难逢的机会,抓住平凡的机会使之不平凡。

同时,还要有合理的风险观念:去冒值得冒的险,然后设法降低风险。

冒险不是赌博,不是毫无想法地投入。虽然冒险精神是必要的,但绝对不可以冲动。因为冒险精神与冲动看起来好像差不多,其实本质上是天差地别。财富绝对不会对懦弱的人微笑,同样地,也不会眷顾有勇无谋的冲动派。

成功的人往往敢于冒险,冒天下之大不韪,从而达到他人无法成就之事。正如卡耐基先生所说过的一句话:"对于有着失去一切可能性的事业，如果你投注了自己一生的积蓄，那就是有勇无谋。然而，对那些虽然没有经验，心生不安，但却有新的可能性的工作挑战，却是有勇气的行为。"

为了以后做喜欢的事，
现在先做不喜欢的事

1

大部分人做事都是从易到难，从喜欢的事情做起，但一般也是喜欢做的事情阻碍工作进展，是效率最大的杀手。不愿意做某件事情的借口往往是没什么兴趣，真实的原因是自己没有能力在当前把事情做好，这就形成了一种循环，因为不擅长或者没有自信心，所以拖延着不做，而拖延着不做让自己处于急于逃避或者应付了事的状态中，并没有从根本上深入理解工作的本身，因此也无法提高自身的能力，最终变得越来越不喜欢应该做的事情。在良性的循环里，因为不擅长或者自身的能力无法达到，所以总是花时间想办法钻研学习，慢慢掌握一些要领，使工作变得顺利起来，慢慢培养出了兴趣，在工作中也发现了乐趣，因此不喜欢的事情慢慢就喜欢起来。

每个人都习惯避免做自己不擅长的事情，结果使得这一方面的能力愈加弱化，并且在心里形成一种惯性思维，——"我没兴趣，也做不好，我并不喜欢做这件事情。"结果越来越不喜欢去做它。

很少有人对分派下来的工作会兴奋得两眼发光，除非他是工作狂，或恰巧分配下来的工作是他最擅长且最喜欢做的。这时候就要面对一个问题，如何完成一项枯燥、自己又没有把握的工作呢？譬如说这项工作需要8个小时才能完成，如何在8个小时里不被随时而来的干扰或者欲望打断？最好的方法就是把时间分段。一般人注意力集中的时间都不长，5～6岁的儿童持续时间为10分钟，7～8岁的儿童是15分钟，上小学的孩子则是20～30分钟，成年人也只有30分钟左右，学校设置每节课的时间也不过45分钟，所以长时间地集中注意力是一个普遍的难题，更何况是对自己毫无兴趣的事情。

对于一般人来说，专注某件事情长达1个小时是非常困难的，15分钟就不会那么艰难了。尝试以15分钟为段，如果做到了，就对自己说："看起来做得不错，不妨再做15分钟。"趁着自己在状态再接再厉，半小时就过去了。原本事情是没有喜欢或者不喜欢之分，而是我们对事情的感觉让它有了这一层的定义，任何事情着手时，想象的感觉就消失了，不管你多害怕它，或者认为它多么讨厌，当沉静下来投入到工作中时，不好的感觉就不存在了。工作就是要找到"我在"的状态。

2

　　刚刚晋升为销售部经理的张蓓每天做的第一件事情就是给那些难沟通的顾客打电话，或者直接登门拜访，刚进公司的她可不是这样的。销售菜鸟的她每天都在为给陌生顾客打电话头痛不已，所以总是拖拖拉拉，做一些杂七杂八的事情来逃避，一个月下来，人事部主管找她谈话时委婉提出了辞退她的想法，张蓓这个时候意识到自己在试用期的表现并不好，面临着丢掉工作的厄运。

　　谈话后的第二天，早上开始工作她就直接给顾客打电话，因为技巧并不好所以被顾客拒绝的频率很高，一个上午下来，她反而比以前轻松，比起以往整天想着联络顾客而未能付诸行动的恐惧，顾客直接的回绝虽然让人沮丧，但内心并没有那么大的负担。一个星期后，她成功地完成了一个订单，这也是她进入公司后第一笔销售业绩。和顾客打交道愈多，沟通的技巧也愈加成熟，慢慢地，她养成了一早预约和拜访顾客的工作习惯，随着业绩的增长很快她就荣升为销售部经理。

　　对于足球选手来说，日常训练中的仰卧起坐是最无聊、最枯燥的，却是每日必须训练的一项，那些优秀的运动员往往优先做这一项，事实上它很快就会过去，他们也可以享受接下来所有的训练活动，这点小改变让整个训练中的感受有了很大的不同，而那些平庸的运动员整天都很担心，因为他们把这一项留到了最后，从而使整个训练都充满了压力和焦虑。

3

有个老段子："天下有两种吃葡萄的人。一串葡萄到手，一种人挑最好的先吃，另一种人把最好的留在最后吃。第一种人很不开心，因为接下来每吃一颗都要比上一颗味道差，这就像吃惯山珍海味的人是没办法习惯吃粗茶淡饭的，吃了最甜的水果，接下来无论吃多甜的食物，都是不甜的，做完最喜欢的事情，接下来每件事情都是让人生厌的；第二种人是快乐的，因为他吃了最难吃的葡萄，接下来每一颗葡萄的味道都比上一个要好，从最不喜欢的事做起，接下来无论做什么事情，都充满了乐趣，所以接下来他吃每一颗葡萄都是欢天喜地的。"

可见，从不喜欢的事情做起让你工作时更有力量，也更加投入，进而慢慢改变对工作的看法和态度。

每天从最不喜欢的事情开始做起，坚持做完它，然后做第二件事情，一直做到最后一件才开始做你喜欢的事情。从心理上最困难的入手，在中途不要跳过那些你不喜欢做的事情。这是一种强化训练，坚持下去，强化的效果会越来越大，最终你觉得你有力量完成任何事情。

每天为理想多投资5分钟的时间

1

渥沦·哈特葛伦在年轻时曾是一名挖沙工人，长年累月的劳作使他萌发了必须要成就自己的人生事业的欲望——成为研究南非树蛙的专家。按照哈特葛伦所受的教育，本来他不具备这方面的才能，但他从1969年开始，就把大部分时间和精力用在了研究的专项上。他每天都收集150个标本，共做了大约300万字的笔记，终于找到了南非树蛙的生活规律，并从这些蛙类身上提取了世界上极为罕见的一种能预防皮肤伤病的药物，从而一举成名，获得了哈佛大学的博士学位，并成为美国《时代》周刊的封面人物。他曾经问过一位年轻人是否了解南非树蛙，年轻人坦白地说，不知道。

博士诚恳地说："如果你想知道，你可以每天花5分钟的时间阅读相关资料，这样，5年内你就会成为最懂南非树蛙的人，成为这一领域中最具权威的人。"

年轻人当时未置可否，但他后来却常常想起博士的这番话，觉得这番话真的蕴含着不言的人生哲理。这位年轻人开始像博士一样把时间和精力投入到自己的专项上，终于成就了一番大事业。他的名字叫伍迪·艾伦。

2

两个同龄的年轻人同时受雇于一家店铺，并且拿同样的薪水。可是叫阿诺德的小伙子青云直上，而那个叫布鲁诺的小伙子却仍在原地踏步。布鲁诺很不满意老板的不公正待遇，终于有一天他到老板那儿发牢骚了。老板一边耐心地听着他的抱怨，一边在心里盘算着怎样向他解释清楚他与阿诺德之间的差别。

"布鲁诺先生，"老板开口说话了，"您今早到集市上去一下，看看今天早上有什么卖的。"

布鲁诺从集市上回来向老板汇报说："今早集市上只有一个农民拉了一车土豆在卖。"

"有多少？"老板问。

布鲁诺赶快戴上帽子又跑到集市上，然后回来告诉老板一共有40袋土豆。

"价格是多少？"

布鲁诺又第三次跑到集市上问来了价钱。

"好吧，"老板对他说，"现在请您坐到这把椅子上，一句话也不要说，看看别人怎么做。"

阿诺德很快就从集市上回来了，并汇报说到现在为止只有一个农民在卖土豆，一共40袋，价格是多少，土豆质量很不错，他还带回来一个让老板看看。这个农民一个钟头以后还将弄来几箱西红柿，据他看价格非常公道。昨天他们铺子的西红柿卖得很快，库存已经不多了。他想这么便宜的西红柿老板肯定会进一些的，所以他不仅带回了一个西红柿作样品，而且把那个农民也带来了，他现在正在外面等回话呢。

此时老板转向布鲁诺，说："现在您肯定知道为什么阿诺德的薪水比您高了吧?"

布鲁诺跑了三趟，才在老板的不断提示下，了解了菜市场的部分情况；而阿诺德仅一趟，就掌握了老板需要和可能需要的信息。

现实生活中也有不少人像布鲁诺那样，上司吩咐什么就干什么，自己从不用脑，结果长期不被重用，还感叹命运的不公。而像阿诺德那样办事高效、灵活的人，不仅能圆满地完成领导交给的任务，还能主动给领导提供参考意见和尽可能多的信息，自然会得到领导的赏识和青睐。

3

在办任何一件事情时，你必须与自己做比较，看看今天有没有比明天更进步——即使只有一点点。

我们大多数人都不愿意每天投资5分钟的时间（与5个钟头的时间相比实在是少之又少），努力成为自己理想中的人。

伍迪·艾伦说过："生活中90%的时间只是在混日子。大多数人的生活层次只停留在为吃饭而吃，为搭公车而搭，为工作而工作，为回家而回家。他们从一个地方逛到另一个地方，事情做完一件又一件，好像做了很多事，但却很少有时间去追求自己真正想要达成的目标。就这样，一直到老死。我猜想很多人临到退休时，才发现自己虚度了大半生，剩余的日子又在病痛中一点一点地流逝。想要成就自己的事业，这样做是绝对不行的，必须把时间和精力投入到专项上，你才能非同寻常。"

这就是说，比别人多努力一点，你就拥有更多的成功机会。

人生赢家，很多都不是按常理出牌的

1

日本有家大公司准备从新招的三名雇员中选出一位最优秀的人做市场销售代表，但在此之前，公司要例行公事对他们进行"魔鬼训练"，以弄清楚到底谁是最合适的人选。

公司将他们从公司所在地横滨送往陌生的广岛，要求他们在那里过一天，公司给了他们每人一天的生活费用2000日元。最后谁剩的钱多，谁就会成为公司的市场销售代表。

想剩是不可能的，每日2000日元只是当地最低的生活标准，要知道，在广岛，一杯绿茶要300日元，一听可乐要200日元，最便宜的旅馆一夜要2000日元……也就是说，他们手里的钱只能让他们在睡觉和吃饭中选择一个，除非他们在天黑之前能够让这些钱生出更多的钱。更重要的是，他们必须单独生存，不能合作，更不能给人打工。

第一位雇员非常聪明，他花500日元在街边买了一副墨镜，然后用剩下的钱买了一把二手吉他。他拿着这些来到广岛最繁华的地段扮起了"盲人卖艺"，半天下来，他就赚到了很多钱。

第二位雇员也非常聪明，他用500日元做了一个募捐箱子，也放在那个最繁华的地段，箱子上写着这样一行字："将核武器赶出地球——纪念广岛灾难53周年暨为加快广岛建设大募捐。"他还用剩下的钱雇了两个口齿伶俐的广岛学生为自己做现场宣传讲演，不到中午的时候，他的大募捐箱就装满了钱。

第三位雇员没有像前两人那样做，而是找了个小餐馆，要一杯清酒、一份生鱼、一碗米饭，美美地吃了一顿，等他吃完，他的1500日元就没有了。不过他似乎并不是很在意，而是钻进一辆被废弃的本田汽车里甜甜地睡了一觉……

第一个雇员和第二个雇员的运气很好，一天下来，他们得到了不少钱，他们很高兴，但没想到的是，傍晚时分一名有络腮胡子、佩戴胸卡和袖标、腰挎手枪的城市稽查人员出现在他们面前，他摘掉了第一名雇员的眼镜，摔碎对方的吉他，撕破了第二名雇员的箱子并赶走了他雇佣的广岛学生，最后，他没收了他们的"财产"，还收缴了他们的身份证。

第一个雇员和第二个雇员无法,只好想方设法借了点路费,狼狈地返回了总公司。而这时,离规定的时间已经晚了一天,更让他们惊骇的是,那个所谓的"稽查人员"已在公司恭候!

原来,他就是那个吃饭、睡觉的第三个雇员,他用150日元做了一个袖标和一枚胸卡,然后花350日元买了一把旧玩具手枪和一把化妆用的络腮胡子,用1500日元吃了顿饭,但他却拥有了前两人所挣到的所有的钱。

这时,公司的国际市场营销部总课长走出来说了这样一番话:"企业要生存发展,要获得丰厚的利润,就要会吃市场,而且懂得怎样吃掉市场。"

2

竞争是十分残酷的,在竞争面前,没有人可以完全避免风险,也没有人可以按照常规制胜。按常理来看,第一个雇员和第二个雇员做得很好,他们有效地利用手中的资金赚到钱。但他们却只看到市场而忽略了竞争者。第三个雇员懂得成功可以有很多种模式,当他的对手在劳碌的时候,他却在养精蓄锐,然后用另一种模式出其不意地吃掉对手,最终取得了成功。

因此,当你为无法取得成功而苦恼的时候,你要知道,并不是你没有潜质,而是你还没有找到合适的成功模式。

真正的创新力并不是指可以推出一种新产品的技术能力,

而是指以市场为前提，将创新意识应用到实际工作中的能力。所有的创新作为都是由创新思维决定的，有了这样的思维能力才有可能产生创新的愿望，进而学会创新、实施创新。

创新的思维方式可以全面作用于管理者的工作范围，不论是在研发新产品、制订营销新策略还是在推行降低成本新措施等方面都能大力创新，取得持续进步。

3

要想取得创新力，就必须从应用创新意识上着手了解并加以练习。

第一，继往才能开来。

创新不是脱离现有的实际，也不能脱离现有的实际。创新不是凭空而来的创造，而是在现有实际的基础上发现新的能改善现状的方式方法。创新的重要前提就是尊重过去，过去的发展历程会呈现出一系列的成果、问题及教训。只有以这些过去为基础才能做出适当的创新，这就要求管理者回到过去找线索。

第二，自动自发创新。

创新不是说等组织给出要创新的指示再着手开始创新，这样的创新只能是形式化的，没有多大效能的。创新是遍布在各处的——全面的工作范围、各个工作环节、随时随地的机会等。管理者需要锻炼出一双善于发现创新机会的眼睛，能细心观察到潜在机会并随时判断形势变化，积极主动地去发现并抓住机会，实施创新。

第三，从问题中创新。

问题发生了，管理者是否还在一味地责罚下属却没有思考究竟是什么原因导致问题的发生？是员工自身的工作态度问题还是工作程序本身存在漏洞？一个有洞察力的管理者应该将问题视为警示和创新机会。问题的出现就是在警示管理者某种途径或某个员工工作态度存在不妥。一味地责罚下属不能真正解决根源问题，问题的反面就是创新机会，有创新力的管理者在问题面前会尝试多种可以最快最好地解决问题的新方法。

第四，敢于挑战权威。

如果一个管理者只是延承之前全部的传统做法进行管理，而不管其是否有益于发展，而且视领导的经验、指示为最高准则，那么他就不是一个具有创新力的管理者。组织每一个阶段的发展都不可能和之前完全一致，传统模式往往会成为新发展的阻碍。革故才能鼎新，要使组织保持不断发展的劲头，管理者就必须在那些需要"革故"的领域进行创新。创新就需要管理者敢于挑战权威，从组织的长远利益出发而不是以权威为准则。

第五，由易而难地创新。

创新不是革命，不是一举就能定江山。经过实践检验你就会发现，一些看似惊人的、巨大的创新只是技术更新，并没有带来多大的利益收获；而一些由易而难的持续创新却能给组织带来源源不断的收益。

第六,传播创新力。

创新力是可以通过学习拥有的,它也可以被传播。一个人的创新力不应该只体现在自身,更应该体现在将创新力传播给身边人,企业管理者更是要让每个员工都具备应用创新意识的能力,在工作中积极自主地做出创新。力争让每个员工在创新中得到成功的喜悦,使得创新成为这个组织的强有力的文化组成部分。

五

你以为你是谁？

你在别人心中又是谁？

分寸感告诉我们，要懂得一个道理，叫"自知之明"。也就是知道，首先，你是谁；其次，在别人心中你是谁；最后，你才决定，你可以做什么，问什么。

活着要氧气，更要勇气

1

　　每个人对成长都有自己独特的诠释，是磨难，是挑战，是幸福……但有一点永远不会变：成长是成败交替的结合体，是得失兼容的五味瓶。想要不断成长，并经由成长步向成功，就必须先读懂失败、不幸、挫折和痛苦。

　　独走人生路，我们会遇到种种困难，甚至于举步维艰，甚至于悲观失望。征途茫茫，有时看不到一丝星光；长路漫漫，有时走得并不潇洒浪漫。这个时候，只有拥有一颗勇敢无畏的心，才能面对生活，克服困难。

　　许多初涉职场的大学生内心有无限憧憬，也有雄心壮志，感觉经济上可以独立了，终于可以摆脱对父母的依赖了，有话语权了，可以发挥自己的价值了……想象中的未来一片美好。

　　工作不久，他们才发现现实跟自己想象的很不一样。正如大家常说的那样，"理想很丰满，现实却很骨感"，甚至是现实很残酷。结果，自信心备受打击，总是觉得生活得很不舒服，不能全心全意投入工作。在生活中封闭自己，不愿意与外界多交流，总是幻想着自己哪天做了老板该多好……

　　这种想法是在逃避生活中的不如意，是一种懦弱的行为。

任何一个人，都要经历走上社会，逐步成熟的过程。现实中各个方面、各个行业都存在着竞争。要学会勇敢，学会在勇敢中找到自我，这是我们立足于生活必须完成的一门人生功课。勇敢的人会提醒自己：年轻的时光就是用来积累知识和阅历的，既然在这个岗位上，就要珍惜这个学习机会，无论从哪个角度，都会学到在学校学不到的职场技能。

每个人在一生中都会遇到许多麻烦，在面对困难和挫折的时候，胆小懦弱的人往往没有坚强的意志去克服；勇敢坚强的人则能够做到持之以恒，凭借自己坚强的意志战胜困难和挫折，从而取得成功。

勇敢是人类的美德，每个人都想获得而又并非都能够获得；懦弱是勇敢的镜子，它使勇敢显得更伟大，而自己却备受嘲笑和奚落。

在勇敢者面前，一切困难都会迎刃而解；在懦弱者面前，哪怕只是一个小小的困难，也会筑起一座坚不可摧的堡垒。

懦弱者的生命也许会很长，可他的一生却寂寞无声；勇敢者的生命也许会很短，但他像春天里的一声雷，必将震撼整个大地。

懦弱的人们只会想要去生活，但是从来就没有真正地生活过；想要去爱，去获取一份温情，但却没有真正地去爱过。因为懦弱的心理都存在一种基本的恐惧，也就是未知的恐惧。懦弱的人总是要将自己保护在已知的安全地带，那是他们最熟悉的世界。

对于世上的人们来说，勇敢的灵魂才可能拥有多姿多彩、充满激情的快乐和幸福。因为，勇敢的人们懂得去面对现实，征服现实。

2

勇气，是一种美德，是一种心灵的挑战，更是一种特别的气质。勇气永远像一座山，一座非常美丽的山。

不过，人一旦开始跨到自己已知的屏障之外，那也是非常危险的。但如果敢于去冒别人不敢冒的险，生活就会愈加充实。因为，灵魂唯有在巨大的冒险中，才会创造出多彩的、丰富的人生。不然，人可能就只是在维持一个空壳的肉体，在空虚中生存着。

从前，有三兄弟，他们很想知道自己未来的命运，于是一起去求教智者。听了他们的来意后，智者问道："据说在遥远的天竺国的大国寺里，有一颗价值连城的夜明珠，假如让你们去取，你们会怎么做呢？"大哥说："我生性淡泊，在我眼里，夜明珠不过是一颗普通的珠子，我不会前往。"二弟拍着胸脯说："不管有多大的艰难险阻，我一定会把夜明珠取回来。"三弟则愁眉苦脸地说："去天竺路途遥远，险象环生，恐怕还没取到夜明珠，就没命了。"听完他们的回答，智者微笑着说："你们的命运已经很清楚了。大哥生性淡泊，不求名利，将来自然难以荣华富贵，但在淡泊之中也会得到许多人的帮助与照顾；二弟性格坚定果断，意志刚强，不怕困难，可能会前途无量，也许会成大器；三弟性格优柔懦弱，凡事犹豫不决，命中注定难成大事。"

　　勇敢与懦弱都存在于这个世界上，每个人都有不同的人生观，也就注定有不同的收获和结局。如果不能逃避生活的考验，就请做一个勇于面对生活和苦难的人吧！这样，你的人生才是值得回味的！

　　大作曲家贝多芬一生非常凄凉。他小时候由于家庭贫困没能上学，17岁时患了伤寒和天花之后，肺病、关节炎、黄热病、结膜炎等病痛又接踵而至。26岁那年，他还不幸失去了听觉，并且在爱情上也屡遭挫折。

　　在这种境遇下，贝多芬发誓"要扼住命运的咽喉"，勇敢地与生命顽强拼搏，坦然面对现实生活中所有的坎坷，一步一步向前走。贝多芬的勇敢、努力、坚持并没有白费，最后终于由一个贫穷人家的孩子成为著名作曲家，赢得了全世界人们的赞赏！

　　生活是严酷的。勇敢锤炼我们直面人生的胆气，勇敢驱使着我们下定向困难迈出第一步的决心。它点燃我们的激情，激活我们奋进的力量！

别让自己的脑子成了他人的跑马场

1

费曼是美国的科学奇才，他的妻子性格开朗，总是善于从一些小事中寻找生活的乐趣，所以，他们的婚姻生活很幸福，一直是身边朋友羡慕的对象。

有一次，费曼的妻子给身在普林斯顿的他寄来一盒铅笔，上面还用一行金色的字表达了心中的爱意："查理亲亲！我爱你。"

费曼觉得这礼物是很好，但是印上一句亲昵的话，如果跟教授朋友讨论问题，忘在别人桌子上，别人会怎么想呢？他不好意思用这些笔。可是当时物质缺乏，他舍不得浪费，所以刮掉一支铅笔上的字来用。

第二天上午，费曼又收到一封妻子寄来的信，一开头就写着："想把铅笔上的名字刮掉吗？这算什么？你难道不以拥有我的爱为荣吗？"结尾用特大号字体写着："你管别人怎么想！"看到这段话，费曼非常震惊。"是啊，我为什么要管别人怎么想？生活是自己的，人生也是自己的，干吗活在别人的议论中啊。"他对自己说。

受到妻子的启发，他决定写一本讲述自己一生的经历，而且就以"你管别人怎么想"当书名。在这本书中，他记述了和妻子的感情、生活轶事和他自己在科学上的重大突破。

人生短暂，需要我们把握的东西有很多，如果你的人生总是不停地按着别人的要求来做自己，很显然，这样的人生是没有意义的。我们要知道，在人生道路上，我们只是别人眼中的一道风景，过了，就会很快地被人忘记。当你付出太多的努力来达到别人眼中的完美，别人也许已经丧失了关注你的兴趣。所以，不要过多地纠缠别人的评价，要学会做自己的主人。

2

美国著名女演员索尼亚·斯米茨的童年是在加拿大渥太华郊外的一个奶牛场里度过的。

当时她在农场附近的一所小学里读书。有一天她回家后很委屈地哭了，父亲就问原因。她断断续续地说："班里一个女生说我长得很丑，还说我跑步的姿势难看。"父亲听后，只是微笑。忽然他说："我能摸得着咱家天花板。"正在哭泣的索尼亚听后觉得很惊奇，不知父亲想说什么，就反问："你说什么？"

父亲又重复了一遍："我能摸得着咱家的天花板。"

索尼亚忘记了哭泣，仰头看看天花板。将近4米高的天花板，父亲能摸得到她怎么也不相信。父亲笑笑，得意地说："不信吧，那你也别信那女孩的话，因为有些人说的并不是事实！"

索尼亚就这样明白了，不能太在意别人说什么，要自己拿主意！

她在二十四五岁的时候，已是个颇有名气的演员了。有一次，她要去参加一个集会，但经纪人告诉她，因为天气不好，只有很少人参加这次集会，会场的气氛有些冷淡。经纪人的意思是，索尼亚刚出名，应该把时间花在一些大型的活动上，以增加自身的名气。索尼亚坚持要参加这个集会，因为她在报刊上承诺过要去参加，"我一定要兑现诺言。"结果，那次在雨中的集会，因为有了索尼亚的参加，广场上的人越来越多，她的名气和人气因此骤升。

后来，她又自己做主，离开加拿大去美国演戏，从而闻名全球。

自己拿主意，当然并不是一意孤行，孤芳自赏，而是忠于自己，相信自己，不轻易被别人的思想所左右。但是生活中，人人都难免有从众心理，常常会为了顾及面子而依附于他人的思想和认知，从而失去独立的判断，处处受制于人。这真是一种莫大的悲哀，作为一个人，我们要有自己的主见，不可盲目追随别人。

当我们太过在意别人的评价时，有时候会在别人的逢迎或夸奖中迷失自己，更容易在别人的议论中丢盔弃甲，很难去坚

持自己的想法和判断。同时，太在意别人的评价会让我们经常
患得患失，害怕一切可能会产生的不好后果。结果，自己承受
的压力越来越大。每天面对着千目所视、万手所指的压力，你
总会害怕别人都在注意自己的缺点或疏漏。这可怕的想法会使
你退缩，失去积极主动的活力。

3

　　玛丽曾经每天陷于苦恼之中：她的个子不高，体重却是玛
丽莲·梦露的两倍。

　　身高的缺陷再加上并不漂亮的容貌让玛丽感到很难过。有
一次她去美容院，美容师肯定地告诉她，不可能把她的脸变成
"杰作"。听到这句话，玛丽恨不得钻到地缝里去。慢慢地，她
不敢去公众场合，害怕别人注意到自己，害怕别人对自己指指
点点。

　　有一天，她一个人在广场上散步，这时她看到了一个矮小
而肥胖的老妇人。这个老妇人的脸上擦满了厚厚的脂粉，嘴唇
上还涂着鲜红的唇膏，一身名牌的穿戴让她看上去十分高贵。

　　由于这个老妇人很胖，她手里的手杖支撑了很大的力
量。突然，手杖的尖头深深地戳进了地理。当她用力地往外
拔时，因为用力过猛，身体一下失去了重心，她重重地跌倒
在了地上。

　　一下子，这个老妇人被摔得站不起来了。玛丽心想，她的

心情肯定沮丧到了极点，在大庭广众之下摔倒毕竟不是一件优雅的事情。

因为自己也出过这种洋相，玛丽非常同情这个老妇人。然而，这个老妇人却做出令她意想不到的事情，她坚强地站了起来，然后对玛丽笑了笑："瞧，我不小心摔了个大跟头。"说完，还冲玛丽做了一个鬼脸。看着她离去的背影，玛丽突然意识到：没有人真正注意到你的所作所为，是你自己心里的"鬼"在作祟。

经历过这件事后，玛丽开始逐渐调整自己的心态，她决定不再考虑别人对自己的看法，也不会再因为别人的嘲笑而闷闷不乐。这时她才领悟到：只有学会释然，学会不计较别人的看法，自己才能活得快乐，赢得别人的尊敬。

对于别人的评论，我们应当学会释然。太多的时候，我们只是自己给自己不断地施压。许多东西是无法改变的，我们只有坦然接受。无论是在哪种场合，无论我们是否美若天仙，我们都不必活在矫情中，活在别人的世界，处处担心别人怎么想自己，怎么看自己。当你懂得了这种释然，你就会体会到什么才是真实的、无忧无虑的生活。

4

生活中，虚心接受别人的意见有助于自己更快地成长，可是过分地依赖别人的意见会使我们丧失主见，意大利作家但丁说过这样一句话："走自己的路，让别人去说吧。"很多人明白这个道理，但是能够做到这一点的少之又少。我们总是太过在意别人的眼光，如果有人说我们的衣服难看，我们第二天就会绝不再穿；当别人说你的声音不够甜美，那么你就会很少说话。做完一件事，我们总是依靠别人的评价给自己打分，别人的看法会被我们牢牢印在脑海之中，好的评价总会让我们心情愉悦，而那些不好的则给我们生活带来无尽困扰。

在当今社会，我们不可能独立地存在于这个社会中。可是我们不能因为这些，就让别人的议论成了生活的风向标。总是记得别人的议论，这是没有主见、没有自信的表现。它不但会影响我们的生活、学习，长此以往，还会让我们的心态更加消极，更甚者，我们不敢自己寻找未来，而是从别人的眼中寻找未来。

只有为自己而活，我们的人生才能精彩。每个人都应该坚持走自己开辟的道路，不轻易受他人观点的牵制。活着是为了充实自己，而不是为了迎合他人的旨意。

如果不付诸实施，我们很难验证一个想法正确与否，因此，与其把精力花在一味地去献媚别人，无时无刻地去顺从别人，还不如把精力放在提升自己上。

危机感或许无法消灭问题，
但至少可把灾害降到最低

1

熟悉三国故事的人，都常常为"死诸葛吓走活仲达"这一幕活剧拍手叫绝。

诸葛亮临死之前，料想自己大限一至，司马懿就会趁机起兵追杀，便授计大将杨仪：在自己死后退兵时，待司马懿率兵追来，就推出自己的木雕塑像，以假乱真，达到惊退司马懿的目的。后来，诸葛亮死了，司马懿果然发兵追击，杨仪按照诸葛亮生前的遗嘱做了，司马懿真以为诸葛亮还健在，生怕中了他的计谋，不敢进逼。于是杨仪率军结阵从容而去。不久，司马懿知道了事情真相，惊呼上当，并自我解嘲说："吾能料生，不能料死。"

的确，诸葛亮行事如果没有这种高超的预测力，高明的预见力，就难以屡战不败，后人也绝不会尊之为神明。

无数的人生经验证实了这一点：做好预谋者胜，拙于预谋者败。

21世纪是一个充满风险、充满挑战的社会，我们的生活、职业、娱乐、思维方式都将发生很大变化。要在这样的环境里很好地生存，就要学会深谋远虑，防患于未然。

2

每天，当太阳升起来的时候，非洲大草原上的动物们就开始奔跑了。

狮子告诉自己的孩子："孩子，你必须跑得再快一点，再快一点，你要是跑不过最慢的羚羊，你就会活活地饿死。"

在大草原的另外一端，羚羊妈妈也正在教育自己的孩子："孩子，你必须跑得再快一点，再快一点，如果你不能比跑得最快的狮子还要快，那你就肯定会被他们吃掉。"

为了生存，羚羊和狮子不得不在草原上狂奔，除了奔跑它们别无选择。危机感使它们无暇他顾，一心奔跑，比对手更快也是它们唯一的选择。

我们常说的"有时常思无时""有备无患"也是指的这个道理。仔细想想，你是否为自己的将来做过什么准备？如果只是一味地担忧，什么也不去做，那么，可悲的命运降临到你头上的可能性更大。反之，若你一直在为自己的今后做准备，你就无需害怕，因为你已经备好应对的方法。

凡事预则立，不预则废，有备才能无患。居安思危不等同于消极脆弱，而是积极果敢的表现，它是对"生于忧患，死于安乐"这种规律性现象的自觉认识和提前防范。要想积极主动地化解或战胜风险，就需要我们警钟长鸣，保持忧患意识。居安思危，自觉、自警、自励的忧患意识，也是自强不息的一种表现。

意大利梅洛尼公司的负责人梅洛尼先生，在几十年前，曾被美国GE公司告知："我们决定收购你们公司，你回去做一下准备。"梅洛尼先生当时很气愤地说："我还没有卖掉我公司的打算。"对方就撂下一句话："那咱们走着瞧吧！"

那以后的20年，梅洛尼公司一直都还存在，品牌还是属于自己的，不但如此，梅洛尼的家电产品还在欧洲市场占了很大的份额。

这个时候的梅洛尼先生也已经老了，他说："这20年来，我时刻都战战兢兢，如履薄冰，拼命地奔跑，正因为这样，我的公司才避开了被别的大公司吞并的厄运。"

梅洛尼或许打心眼里感谢当初对他口出狂言的GE公司，是他们迫使他产生了危机意识，也正是那份危机意识让他有了现在的成功。

3

20世纪90年代初，波音公司产量大幅下降，公司昔日的辉煌已经渐渐远去。为了走出经营低谷，波音公司自己摄制了一部虚拟的电视新闻片：在一个天色灰暗的日子，众多的工人垂头丧气地拖着沉重的脚步，鱼贯而出，离开了工作多年的飞机制造厂。厂房上面挂着一块"厂房出售"的牌子，扩音器中传出声音："今天是波音时代的终结，波音公司关闭了最后一个车间……"

这则反复播放的企业倒闭的电视新闻，使员工们强烈地意识到市场竞争残酷无情，市场经济的大潮随时都会吞噬掉企业，他们也随时会有失业的危机。

波音公司通过这个片子告诫员工们：如果本公司不进行彻底的变革，很快就会迎来末日。

波音公司员工真正的危机感源于公司的这个策略，源于这个广告片，他们真切感受到"末日即将来临"。员工的忧患意识和不懈奋斗的精神被激发出来后，波音公司得以迅速复兴。

在华为正当盛世，销售额达到220亿元，跃居中国IT业之首，全体员工士气高昂时，2000年底，任正非却突然抛出了"华为的冬天"一说，给行走在坦途上的全体华为员工敲响了警钟：

"公司所有员工是否考虑，如果有一天，公司销售额下滑、利润下滑甚至破产，我们怎么办？我们公司的太平时间长了，这也许就是我们的灾难。'泰坦尼克号'也是在一片欢呼中出海的。

"10年来我天天思考的就是失败，对成功视而不见，也没有什么荣誉感、自豪感，而是危机感。也许是这样才存活了10年。我们大家要一起来想，怎样才能活下去，也许才能存活得久一些。

"失败的一天是一定会到来，大家要准备迎接，这是我从不动摇的看法，这是历史规律。

"而且我相信，这一天一定会到来，面对这样的未来，我们怎样来处理，我们是不是思考过？我们好多员工盲目自豪，盲目乐观，如果想过的人太少，也许就快来临了。居安思危，不是危言耸听。"

挫折、困苦成就了任正非，也深刻地影响了他的处世原则。他宁愿让自己以及华为员工们生活在无边的忧虑和惊恐中，也不想让自己与员工放松警惕哪怕一刻钟。

华为正当盛世，任正非就已经考虑到居安思危，从这当中不难看出，华为为什么会在短时间内，成就了如此卓越的事业。

4

在一次狩猎中，野兔被一只猎狗追赶，猎狗费尽力气，也没能追上野兔。

"为什么我体形比你大得多，力气也比你大，却怎么也追不上你？"猎狗望着山坡上的野兔说。

野兔回答："那是因为我们奔跑的目的不同，你只是为了饱餐一顿，而我却是为了生存！"

每个企业都必须像野兔一样，"为了生存而奔跑"，绝不能安于现状。一个没有危机意识的企业迟早要垮掉。同样，一个没有危机意识的人，必遭到未来不可预测的灾难。因为未来是不可预测的，而且人也不可能天天走好运，所以我们更要有危机意识，在心理上和行动上准备好应付突如其来的变化。若没有事先准备，光是心理受到的冲击就会让你手足无措，更别提应对了。危机意识或许无法消灭问题，但至少可把灾害降到最低，为自己开辟出一条生路。

至少，在自己的世界里被温柔以待

1

生活中苦恼总是不断。有时人生的苦恼，不在于自己获得多少，拥有多少，而是因为自己想得到更多，而自己的能力却很难达到，所以我们便感到失望与不满。然后，我们就自己折磨自己，说自己"太笨""不争气"等等，就这样经常自己和自己过不去，与自己较劲。

世界上太多的人悲叹生活的艰辛，只有极少数人能在有限的生命中活出自己的快乐。一个人快乐与否，其实和她的生存环境关系不大，而是主要取决于他是否有善待自己的心态。

生活本已不易，再自己想象出很多烦恼，岂不是自己跟自己为难？

要知道，烦恼是一把摇椅，你一旦坐上去，它就会一直摇呀摇，总也停不下来。如果你跳下来，它自己也就不会再摇了。

一个心理学家做了一个很有意思的实验：他要求一群实验者周末晚上把未来7天会烦恼的事情都写下来，然后投入一个大型的烦恼箱中。第三周的星期日，他在实验者面前打开这个箱子，与成员逐一核对每项烦恼，结果发现其中90%的担忧并没有真正发生。

接着，他又要大家把那些真正发生的10%的烦恼重新丢入纸箱中。等过了三周，再来寻找解决之道。结果到了那一天，他开箱后，发现剩下的10%的烦恼已经不再是那些实验者的烦恼了，因为他们有能力应付。

原来烦恼是自己找来的，这就是所谓的自找麻烦。据统计，一般人的忧虑有40%属于过去，有50%属于未来，而92%的忧虑从未发生过，而剩下的8%是能够轻易应付的。

2

每个人都有七情六欲和喜怒哀乐，烦恼也是人之常情，是人人避免不了的。但是，由于每个人对待烦恼的态度不同，所以烦恼对人的影响也不同。

有一个人以为自己得了癌症，便跑去看医生。

医生问他："你觉得哪里不舒服？"

他回答："我好像没哪儿不舒服。"

医生又问："你感觉身体哪里疼？"

他说："感觉不到疼。"

医生又问："你最近体重有没有减轻？"

他说："没有。"

"那你为什么觉得自己得了癌症？！"医生忍不住这么问他。

他说："书上说癌症的初期毫无症状，我正是如此啊！"

富兰克林·皮尔斯·亚当斯曾以失眠做比喻。他说："失眠者睡不着，因为他们担心会失眠，而他们之所以担心，正因为他们不睡觉。"

马克·吐温晚年时感叹道："我的一生大多在忧虑一些从未发生过的事，没有任何行为比无中生有的忧愁更愚蠢了。"

凡事别跟自己过不去，要知道，每个人都有这样或那样的缺陷，世界上没有完美的人。这样想，不是为自己开脱，而是保证心灵不会被挤压得支离破碎，永远保持对生活的美好认识和执着追求。

别跟自己过不去，是一种精神的解脱，它会促使我们从容走自己选择的路，做自己喜欢的事。

假如我们不痛快，更要善于原谅自己，这样心里就会少一点阴影。这既是对自己的爱护，也是对生命的珍惜。

3

有人问古希腊大学问家安提斯泰尼："你从哲学中获得了什么呢？"他回答说："同自己谈话的能力。"

同自己谈话，就是发现自己，发现另一个更加真实的自己。

法国大文豪雨果曾经说过："人生是由一连串无聊的符号组成的。"的确，我们生活中的大多数时光都在很普通的日子里度过，有时，看似很正常的生活，感觉上却像走进了生活的误区。有点儿浑噩，有点儿疲惫，有点儿茫然，有点儿怨恨，有点儿期盼，有点儿幻想——总之，就是被一些莫名其妙的情绪、感受占据了内心的思想甚至生活，而懒得去理清。

于是，我们总是在冥冥之中希望有一个天底下最了解自己的人，能够在大千世界中坐下来静静倾听自己心灵的诉说，能够在熙来攘往的人群中为我们开辟一方心灵的净土。可"欲将心事付瑶琴，弦断有谁听"？

其实，我们不就是自己最好的知音吗？世界上还有谁，能比自己更了解自己呢？还有谁能如自己保守自己的秘密呢？当你烦躁、无聊的时候，不妨和自己对对话，让心灵退入自己的灵魂中，让自己与自己亲密接触，静下心来聆听来自心灵的声音，问问自己：我为何烦恼？为何不快？我满意这样的生活吗？我的待人处世错在哪里？我是不是还要追求工作上的成就？生命如果这样走完，我会不会有遗憾？我让生活压垮或埋没了没有？人生至此，我得到了什么、失去了什么？我还想追求什么？……

这样，在自己的天地里，你可以慢慢修复自己受伤的尊严，可以毫无顾忌地"得意"，可以深刻地剖析自己。你还可以说服自己、感动自己、征服自己。有位作家说的一段话很有道理："自己把自己说服，是一种理智的胜利；自己被自己感动了，是一种心灵的升华；自己把自己征服了，是一种人生的成熟。"把自己说服了、感动了、征服了，人生还有什么样的挫折、痛苦、不幸不能被我们征服呢？

你也可以像太阳一样发光

1

有一位美国作家，他是靠着为报社写稿维持生活的。他给自己定了一个目标，每周必须完成两万字。达到了这一目标，就到附近的餐馆饱餐一顿作为给自己的奖赏；超过了这一目标，还可以安排自己去海滨度周末，在海滩大声为自己鼓掌、喝彩。于是，在海滨的沙滩上，常常可以见到他自得其乐的身影。

作家劳伦斯·彼德曾经这样评价一些著名歌手：为什么许多名噪一时的歌手最后以悲剧结束一生？究其原因，就是因为在舞台上他们永远需要观众的掌声来肯定自己，需要别人为自己喝彩。但是由于他们从来不曾听到过自己的掌声和喝彩声，所以一旦下台，进入自己的卧室时，便会倍觉凄凉，觉得听众把自己抛弃了。他的这一剖析，确实非常深刻，也值得深思。

我们鼓励所有人给自己鼓掌，为自己喝彩，绝不是叫人自我陶醉，而是为了让人强化自己的信念和自信心，正确地评估自己的能力。

当我们取得了成就，做出了成绩，或朝着自己的目标不断前进的时候，千万别忘了给自己鼓掌，为自己喝彩。当你对自己说"你干得好极了"或"真是一个好主意"时，你的内心一定会被这种内心的暗示所激励。而这种成功途中的欢乐，确实是很值得你去细细品味的。

人生来就需要得到鼓励和赞扬。许多人做出了成绩，往往期待着别人来赞许。其实光靠别人的赞许还是不够的，何况别人的赞许会受到各种外在条件的制约，难以符合你的实际情况或满足你真正的期盼。如果要克服自卑感，增强自己的自信心和成功信念，那么就不妨花些时间，恰当地为自己喝彩。

2

一个人如果自惭形秽，那他就难有好形象；如果他觉得自己不聪明，那他就难以成为聪明的人；如果他不觉得自己心地善良——即使在心底隐隐地有这种感觉，那他也成不了善良的人。

一个雕塑家发现自己的面貌越来越丑了。"丑"并非指肤色、五官（他原来长得不错的），而是指神情、神态，怎么就那样"狡诈""凶恶""古怪"，以至于使面相本身也让人觉得可恶可怕。

他遍访名医，均无办法。因为，吃药也好，整容也好，都无法医治五官之间的"关系"——无法医治一个人的愁眉苦脸，无法医治"满脸横肉，凶神恶煞"。

一个偶然的机会，他游历一座庙宇时，把自己的苦衷向长老说了。长老说，我可以治你的"病"，但不能白治，你必须为我先做一点事——塑几尊神态各异的观音像。

雕塑家接受了这个条件。

在中国千百年的传统文化中，观音是慈祥、善良、圣洁、宽仁、正义的化身，其面相神情，自然就是群众心中这些概念的形象化、典型化。

雕塑家在塑造过程中不断研究、琢磨观音的德行言表，不断模拟观音的心态和神情，达到了忘我的程度。他甚至觉得自己就是观音。

半年后，工作完成了。同时，他惊喜地发现自己已经变得神清气爽，相貌也变得端正庄严了。

他感谢长老治好了他的病。

"不，"长老说，"是你自己治好的。"

此时，雕塑家突然明白了让自己"变丑"的病根——过去两年，他一直在塑夜叉！

3

齐格说过："没有任何东西可以阻挡思维方式正确的人达到他的目的，也没有任何东西可以帮助思维方式错误的人。"相信你自己行，就一定行，坚定自信，才会使潜能得到发挥。

从下决心做一个成功的人的那一刻起，就要马上在状态上把自己当成已经成功的那个人，也就是说要一步进入角色。

比如说你想当一个企业家，从今天开始就要以一个企业家的心态、思维模式和眼光来学习、观察、分析，来处理身边的事情和关系，而不是等奋斗到快当企业家了才这样做。刘邦能够当皇帝，并非是因为打败了项羽，而是在乡下看到秦始皇出行队伍的浩荡威仪而发出"大丈夫理应如此"的赞叹时，他就开始努力。

如果你已经清晰地认定了自己的目标，无论那目标是什么，都要让自己尽快进入相应的角色。这样，你就能进入最佳状态，实现自己的愿望。记住，机会永远只向有准备的人微笑。

当然，如果你通过自己的努力取得了一定的成绩，不妨为自己庆贺一番，这样一来就会建立起更多的自信。

4

许多每天从事推销工作的业务员都有这样的经验：如果早上起来，心情不佳，自忖无法应付即将面对的难缠的客户时，便会将成交率高的客户作为首先拜访的对象，待成交几笔交易，自信心培养充分以后，再去拜访其他较难缠的客户。这种方式不但可以使其心情由阴郁变开朗，还可以确保一天的业绩。

实际上，他们所需要的，正是一种能充实自信心的成就感。成功者善于爱护和不断地培养自己的自信心，他们懂得如何"颁奖给自己"。

生活中我们总习惯于为别人喝彩，羡慕别人的点点滴滴的完美，而对自己一些突出的优点视而不见，不以为然。于是，喝彩也因寂寞而悄然离去，只剩下低头丧气的自己……

为自己喝彩，给自己一分执着，少一些失落，多一份清醒。人生不相信眼泪，命运鄙视懦弱。困难和不顺在所难免，如果总是沮丧，生活便是荒芜的沙漠，不如用自己的脚步来踩死自己的影子。战胜厄运，首先要战胜自己。为自己喝彩，给自己多一份自信和快乐，少一些怀疑和痛苦。凡事应学会换一个角度，从好的方面想，人生必将有别样的风景线。这是一种乐观的积极的生活态度。即使有一千个借口哭泣，也要有一千零一个理由坚强；即使只有万分之一的希望，也要勇往直前，坚持到底。因为太阳今天落下山，明天照样升起，人生也是这样。

自信，还是自以为是？

1

　　任何一件事情，都有两个以上的观点存在。为什么呢？因为我们很难完全看清这件事情的全貌，只能从某个角度看到部分真相。看待问题的角度不同，就会形成不同的观点，也会存在观点冲突。为了获得真知，为了做对事情，有必要多听听别人的意见，这样就可以对事情真相了解得更多。

　　但是，完全听从别人的观点，没有自己的主见，就会无所适从，失去自己。所以，既要在别人的观点中博采众长，也要相信自己的眼光和判断。世上没有绝对的东西，每一件事也因个人衡量的标准、立场不同，而发生价值的改变。因此，要善于利用自己的双眼，别人的判断并不能代表你的思想。

　　波兰有句谚语："自己的一只眼睛，胜过别人的一双眼睛。"这句话的意思是：用自己的眼睛，去确定事实真相。

　　除了依赖眼睛之外，还要善用头脑。任何一件事都要经过判断才做出结论，而不能人云亦云。

　　做任何事情，每个人都会按自己认为正确的方式去做。但这样做到底是否真的正确呢？有时很难判断。因为真理往往会在假象中蒙尘，很难一目了然。那么，我们是否应该等到完全确认这件事情的正确性之后再去做呢？

当然不行。真理要靠行动发掘，一定要等到完全正确后再去做，我们将止步于探求真理的途中。

在从事自己认为有价值的事时，假如没有确实的证据证明它是错的，就不妨假设它是对的，并勇往直前。要全心相信自己所做事情的价值，即使受到阻挠和诽谤，也不改变信念。只有这样，才能完成伟业。

2

奥本海默一直以来都是哈佛人的骄傲，因为他是研制世界上第一颗原子弹的主持人。那是在1942年，奥本海默负责了整个"曼哈顿工程"，为美国制造原子弹。制造原子弹对整个人类来说也是一件开天辟地、前所未有的大事，因此也就意味着这件事没有任何成功的经验可以借鉴。很多人认为这项工作不可能完成；还有很多人认为，假如原子弹研制成功，对人类将是一场灾难。

但是，奥本海默坚信自己工作的价值，坚信自己想努力达成的一切是对的，因为他知道德国人正在加紧研制原子弹。核武器一旦被恶魔希特勒首先掌握，后果将不堪设想。所以，奥本海默下定决心，一定要在德国人之前把原子弹制造出来。他知道，可能也会有人因此诅咒他。他毕竟是在领导着制造人类历史上第一个能使人类毁灭的武器。但他确信自己所做的事是

对的，是为全人类服务的，这个事实给了他无穷的力量。他对
所有关于原子弹的消极论调一概置之不顾，以极大的热情，全
身心投入到这项史无前例的艰巨工作中。

为了早日获得成功，奥本海默不仅自己努力工作，还热情
地激励他的每一位同事。他认为，必须群策群力，必须依靠广
大科学家的集体智慧才能完成这项划时代的工作。他每周组织
一次学术讨论会，鼓励每位科学家畅所欲言，献计献策。

后来，他的同事回忆说："奥本海默也许是我见过的最
好的实验室主任，因为他头脑十分灵活，因为他成功地了解
了实验室几乎每一项重要的发明，也因为他对别人的心理有
很不寻常的洞察力，这一点在物理学家中是很少见的。大家
都肯定感到，奥本海默关心每一个人的工作。他善于挖掘每
一个人的内在潜力，善于鼓舞人。他和人谈话时，总要使对
方明白，你的工作对整个工程的成功来说是重要的。我们不
记得在洛斯阿拉莫斯时他对谁不好，虽然战前和战后他常同
别人闹别扭。在洛斯阿拉莫斯他没有使任何人感到自卑，一
个也没有。"

成功属于那些对自己的事业充满狂热和具有坚定信念的
人。可以说正是这种坚强的意志造就了奥本海默的成功。终
于，1945年，原子弹问世了。

3

我们应该注意，"相信自己所做事情的正确"，并不是盲目地自以为是。正确与否，源于对某些事实所做的判断。可以看不到事实的全部，但绝不能完全背离事实，尤其是某些核心事实。比如，奥本海默认为应该研制原子弹，是基于这样一个事实：假如法西斯首先掌握原子弹，全人类将面临灭顶之灾。那么，原子弹研制成功，会不会带来负面作用？这在当时来说，是一个需要时间证明、暂时看不到的事实。在判断事物价值时，看不到的事实当然要让步于可见事实。

这并不是说我们应该以眼前得失作为判断依据。恰恰相反，为了事业成功，我们应该为了长远之得而承受眼前之失。

4

亨利·福特为了坚持自己认为正确的事，曾跟他的同事们进行过一场激烈的辩论。那时候，福特汽车公司生产出了价廉物美的T型车，当年即售出一千多辆，形势似乎一派大好。没想到，年底时结算，利润几乎全被成本冲销了，根本没有赚到钱。

这是什么原因呢？

原来，为了让T型车更加完美，公司每装配成一部汽车，亨利·福特都要求对各种机件的结构、功能做详细检查和试验，然后再绘出几种另外的图样进行研究比较。如果认为原有的机件不好，就在下一部汽车中加以改进。如此一来，几乎每辆车的零件都不完全相同，无法批量生产，成本自然偏高。为此，在公司董事会上，福特遭到以柯金斯为首的股东们的责难。他们认为，照这样做是不可能赚到钱的。

福特耐心解释说，现在是不赚钱，将来的"钱途"却无法估量。

柯金斯说："有一个事实，你可能没有注意到，福特先生！汽车零件的样式不固定，一天一变。请问，买我们汽车的人，如果零件坏了，要换一个新的，你拿什么给人家？"

福特说："只好替顾客照原样造一个。"

柯金斯冷笑说："你不觉得这违反常识吗？这样做，成本将高得让我们无法承受。"

福特解释，这是因为目前的汽车零件还不够理想，只有不断改进才能使之完善，到那时零件就可以定型了，成本也会随之降低。

在福特的坚持下，公司决策层终于达成共识，全力支持T型车的开发和生产。几年后，近乎完美的T型车终于问世，它就像一阵旋风似的，立即畅销全美国。福特公司也由此赢得汽车行业的霸主地位。

福特考虑长远发展，无疑是对的；柯金斯考虑眼前利润，也没有错。在生活中，我们面临的意见冲突，经常不是谁对谁错的问题，而是一个判断谁更正确的问题。那么，判断的依据是什么呢？我们在什么时候应该坚持自己的意见，什么时候又该采纳别人的意见呢？

我提供一个简易的判断标准：哪种意见对公众更有利，哪种意见就更正确。奥本海默的坚持，能为人类提供安全保障；福特的坚持，能为顾客提供价廉物美的产品，他们的坚持对公众更有利，完全可以认为是正确的。

在生活中，只要我们确信自己所做的事对公众有利而不仅仅是对自己有利，那么，我们就可大胆相信自己所做的是一件极具价值的事，并且勇往直前。

六

爱情终究不是人生的全部

当你年轻时，你觉得爱情可能是你人生的全部，但是慢慢你发现，爱情其实不是人生的全部，它可能让我们流了最多的眼泪，花了我们最多的青春，但是它终究不是人生中最重要的一部分。

那件疯狂的小事叫爱情

1

经典韩剧《达子的春天》中便有这样一句台词："一个人生活的时间太长了，所以懂得一个人生活的方法；但对两个人生活的方法，我却太笨拙了。"

在租来的小公寓中，达子肆无忌惮地狂吃海喝，在床上坐没坐相、蓬头垢面，打嗝甚至放屁。这是一个率直的女孩，她相信爱情，不过缘分一直到33岁才来临而已。她说，虽然33岁，但是也没有后悔过，为什么没能早点谈恋爱，为什么没能早点找到不错的男人，没有那样的后悔。至今为止一直努力地生活，那样就很满足和值得了。就算没有条件很好的爱人，也没有不堂堂正正活着的理由。

有时候像达子一样问问自己，面对一路走来的青春年少，是不是无怨无悔？

剩女之所以被剩下来无非有这几个原因：缘分未到，自视过高，志在腾达，情伤未愈，信心不足，享受单身。原因的前几种都是无奈被"剩"的，而最后一种却是把单身当成了享受。单身是会上瘾的，一个人久了，久而久之会变成习惯。一个人久了，会懒得恋爱，朋友会越加重要，会越来越

喜欢独处，对爱情会越来越挑剔，会比以前更爱父母，更重
视亲情，对所有的节日都没什么期待，会觉得无拘无束自由
自在……

只有走入一段爱情中，你才会发现从来没有一个完美的男
人是事先为你准备的。你不是张曼玉，也不能苛求你的他变成
年轻高大帅气的偶像剧男主角。追求完美没有错误，但生活是
生活，艺术是艺术。人非完人，就是月亮也从来都是不圆满
的。人活一世，还有什么比两个人相依为命在这个寂寥的尘世
相互取暖更为重要？即便你的他有太多缺陷，但请试着相信适
合的爱情才最好。一点关心，一声问候，爱情需要两个人一起
努力经营。

2

我们总是向往爱情，总是期待爱情抚平心中的创伤，让
我们的生命更加圆满。或许在过去，爱情也曾让我们感到痛
苦，但我们从来不在乎。因为爱情具有一种自我复苏的力量，
如同希腊神话中的女神，只要在遗忘之水中沐浴一番，就能
恢复贞洁。

每经历一次爱情，我们对它的了解就深了一分。失恋之
后，我们总是痛下决心，今后绝不再犯同样的错误。我们的心
变硬了一些，或许也变聪明了一些。

但爱情本身永远是年轻的，永远带着青春特有的愚蠢和笨

拙。因此，与其在失恋的痛苦无望中形销骨立，不如坦然接受爱情造成的空虚，因为空虚是爱情本质的一部分。我们不必刻意避免重蹈覆辙，也不用让自己变得"聪明"。遭受失恋的打击之后，我们所能做的就是驱散心中的怀疑，再度投入爱情，尽管我们已经体验到了其中的黑暗和空虚。

如果曾受过伤，依旧是美好的。偶尔有阴天，偶尔会下雨，请让自己的心变成一个小太阳，暖暖的，不为他人，也要为自己而明媚。成为剩女并不可怕，但别有一颗剩着的心。别把自己的心变成贱卖的商品，不分辨地将其轻易交付于人；也别把心放在阁楼里，居高临下地看着；更别把心浸泡在回忆的毒汁中，拿一生来祭奠前尘往事。

有这样一句玩笑话：害得女孩子嫁不出去的不是男人，是她自己和比她手脚更快的年轻女孩子。当一个女孩子剩着的时候，她必须更积极，更率直，好好生活，该爱就爱。要记住，哪里有什么白马王子，矜持未免造作，不如跨上白马往前冲。一定要知道如何让自己开心，知道自己不是为了任何一个男人而活。这样当真命天子出现的时候，你便不会有一张老气横秋的脸，也不会有一颗日暮沉沉的心。而且，就算没有真命天子，那时候你仍有一个年轻的自己。

3

柏拉图说，爱是一种疯狂，一种神圣的疯狂。今天我们谈论爱情时，经常把它当作人际关系的一个方面，一种我们可以控制的东西。我们关心的是，如何用正确的方式恋爱，如何获得成功的爱情，如何克服其中的问题，如何面对失恋的打击。

很多人对爱情的期望太高，而实际结果却让他们大失所望。很明显，爱情绝不是单纯的。过去的纠葛，未来的希望，以及种种鸡毛蒜皮的琐碎小事——哪怕与对方只有一点点联系——都会对爱情产生深远的影响。

有时我们会以轻松的态度谈论爱情，却忽略了它强劲而持久的一面。我们总期待着爱情的抚慰，却往往惊讶地发现，它也能在我们心中留下空虚和裂痕。

柏拉图把爱称为"充实与空虚的孩子"。充实与空虚，恰恰是爱情的正反两面。

相爱吧，就像没有受到伤害一样。跳舞吧，就像没有人看你一样。去爱吧，就像没有受过伤一样。唱歌吧，就像没有人听一样。工作吧，就像你不需要钱一样。生活吧，就像今天是最后一天！

爱情如穿鞋，随缘不攀缘

1

雨雯是个优秀的女孩，人长得漂亮，工作能力强，身边不乏追求者。不过，雨雯对于选择男朋友的事很谨慎，她的态度就是宁缺毋滥。

雷奥是雨雯大学时代的校友，是个儒雅的男人，他对雨雯一直情有独钟；公司的同事乔安是个事业型的男人，对雨雯也颇有好感。两个人对雨雯都展开了猛烈的追求，周围的朋友劝雨雯选择乔安，说这样的成功男人不可多得；雷奥倒是人不错，可总觉得雨雯嫁给他这样一个平凡的男人有点委屈……朋友们的话雨雯听在心里，可她有自己的想法。

在雨雯生日那天，她收到了两份特别的礼物。雷奥和乔安都知道雨雯几天后要参加姐姐的婚礼，于是不约而同地为她买了鞋。乔安送了雨雯一双古驰的高跟鞋，是当下最流行的款式；而雷奥却送了一双普通的、看似有点老气的坡跟凉拖。看到这两份礼物之后，雨雯在心里默默选择了雷奥。

朋友们知道了雨雯的想法都笑她："乔安那么有品位的男人你不要，非要雷奥这个土老帽。你看看他送的鞋子，怎么能在婚礼上穿呢？"雨雯笑了笑，说雷奥更适合自己。

原来，雨雯的脚一直有伤，每次穿高跟鞋的时候，脚后跟都会疼。在婚礼上，她要给姐姐做伴娘，一天下来肯定会很累，如果穿高跟鞋脚会痛得走不了路，穿坡跟鞋会更舒服一点。雨雯觉得自己在生活中是个粗心大意的人，有时为了工作废寝忘食，她渴望有个人在身边照顾自己，关心自己，这份踏实和细心正是雨雯所需要的。至于乔安，或许他是浪漫的，懂柔情的，但雨雯的世界最需要的并不是这些，她要的是一个贴心的爱人。

在茂密的森林中，如果你看中了一棵树，也许它在别人的眼里枝叶既不茂盛，树干也不是很笔直，但只要是适合你的，你就应该为自己的选择而欣慰。

2

赵鑫和周敏是一对青梅竹马的恋人。

有一天，赵鑫和周敏手牵着手在逛街。走到一家首饰店的门口时，摆在玻璃柜中的那条心形的金项链让周敏的眼睛露出羡慕的光来，她在心里想："我细长而又白净的脖子，只有配上这条项链才能好看。"于是央求男友买下这条项链送给她作为礼物。

赵鑫摸了摸自己的钱包，脸红了，他每个月两千多块钱的工资实在买不起这么昂贵的项链，只好避开周敏恋恋不舍的目光，拉着她走开了。

几个星期以后，周敏的25岁生日到了。赵鑫为女友举行了一个生日派对。在宴会上，男孩喝下几瓶啤酒之后，红着脸拿出了给女朋友准备的生日礼物，正是周敏心仪已久的那条心形的金项链。周敏高兴地当众给了赵鑫一个热烈的吻。

赵鑫的脸又红了，用一种非常低的声音说："不过……这……这项链是铜的……"他的声音虽然很小，但所有的客人都听见了。女孩的脸蓦地涨得通红，感觉自己受到了莫大的侮辱。她把正准备戴到自己那白皙漂亮脖子上的项链揉成一团随便放在了牛仔裤的口袋里，赌气地举起酒杯："来，喝酒！"直到宴会结束，女孩再也没看男孩一眼。

不久，一个叫魏永刚的男人闯进了周敏的生活。他用一种炫耀的口气说，他什么也没有，只有钱。当他把闪闪发光的金饰戴到周敏身上时，同时也俘虏了她的那颗爱慕虚荣的心。两个人打得火热，他们很快在外面租了一间房子同居了，开始了周敏心中的美丽浪漫的爱情生活。

魏永刚对周敏百依百顺，可谓是要星星不给月亮，让这个涉世未深的女孩感动得一塌糊涂，暗暗庆幸自己在男孩与男人之间的选择。可惜好景不长，一段时间以后，周敏怀孕了，当她满脸幸福地准备告诉魏永刚他要做爸爸的时候，却发现魏永刚已经有了别的女人，悄悄地从她的身边离开了。周敏犹如一下子跌进了深渊之中，不知所措。

房东再一次来催她缴房租了，而她却一分钱也没有，只好走进了当铺，把自己所有的金饰摆在了柜台上。老板眯了眼睛看了一眼说："你拿这么多镀金首饰来，是不是觉得我们当铺不识货啊?"周敏一下愣住了,犹如被一盆冷水浇在头上。这时候老板的眼一亮,扒开一堆首饰,拿出最下面的那条项链说:"嗯,这倒是一条真金的项链,值一点儿钱。"女孩回过神来,看了看那条项链,心里想:这不就是赵鑫送给我的那一条铜项链吗?想起和赵鑫在一起的日子,她泪如雨下。当铺老板摩挲着那条心形的项链问:"喂,你打算当多少钱?"周敏却忽然一把夺过那条项链跑了出去……

3

人生的选择,全在于自己。很多时候,我们选择高大帅气,我们选择婀娜美丽,在别人的眼中,我们和那个他(她)很般配,但是完全忽视了自己的内心。我们忽视了自己是否快乐,可能会在爱情之路上迷失却不自知。我们的内心没有呼应,灵魂没有交集,没有共同语言,强撑着外人以为的美好,这样的爱情多累?

张小娴曾经说过:"爱上一种味道,是不容易改变的。即使因为贪求新鲜,去尝试另一种味道,始终还是觉得原来的那种味道最好,最适合自己。"

不能盲从于世俗的观念,去选择有钱、有权、有身份、近乎完美的人,我们要选择的只是最适合自己的。也许他(她)并不完美,却是最适合自己的伴侣。那样的选择,带来的才会是有质量的恋爱和甜蜜的婚姻。

纵是两情缱绻，不失个人园地

1

女人很爱男人，为他放弃了出国的机会，为他拒绝了高富帅的追求。每天上班，她都要他挂着QQ，自己在公司里的大事小事总要第一时间告诉他。下班时，她会提前开车到他单位门口，两人一起吃晚饭，然后恋恋不舍地分别。谁都看得出，女人对男人的爱很深，可男人心里却有说不出的苦。

男人总是对朋友说，不在一起的时候会想她，可在一起的时候却又很烦她。周末我想去打球，她却缠着我陪她逛街；下班我想跟朋友聚聚，她却非要"陪同"，不让抽烟，不让喝酒，特别扫兴。好几次，男人想提出分开一段时间，可话到嘴边又咽下，他知道女人对自己是真心的，他也怕错过了这个美好的眼前人。可是，她的爱，实在太沉重了。

两个人虽然还在一起，可明显跟过去不太一样。他变得沉默寡言，冷冷淡淡。她问什么，他只是轻声应和，没表情，没心情。可一听女人说要出差几天，他却变得很殷勤。女人怀疑，他爱上了别人。她没有吵闹，而是转身去找了他们最好的朋友。她知道，如果有什么事，他一定知道。

朋友笑着对她说，是她太多疑。他之所以高兴，是觉得

"自由"了。爱情需要留白，他有自己的交际圈，有自己的"地盘"，你把索要爱情的触角伸向了不该伸的地盘时，他只会觉得你不可理喻。

她似懂非懂。想想他以前过的生活，自由支配自己的时间，做自己喜欢做的事，不用事无巨细都要向她汇报，偶尔喝点小酒，抽点小烟……现在，那些爱好似乎都被剥夺了，而自己却从未问过他想要什么，希望他怎么做。或许，她真的需要换一种方式去爱了。

2

当女人给予的爱让他们感到过分沉重的时候，他们便会想到逃离。"享受"爱情也会变成"索取"爱情，两个人的感情再也没有最初那般纯美。每个人都是独立的个体，而不是配偶的私人物品，他们需要空间。

爱情是甜蜜的，但它也有秉性，这就如同仙人掌，它明明不需要太多的水分，而你却因为"爱"拼命地浇灌，结果可想而知。想要呵护自己的爱情，就必须掌握爱的秘诀，那就是适当地保持距离。真正的爱是有弹性的，彼此不是僵硬地占有，也不是软弱地依附。相爱的人给予对方的最好礼物是自由，两个自由人之间的爱，拥有张力，这种爱牢固而不板结，缠绵却不黏滞。没有缝隙的爱是可怕的、令人生畏的，爱情在其中失去了自由呼吸的空气，迟早会因窒息而"死亡"。

3

爱一个人的时候，就想把自己能想到的一切都给对方。可是，给得多了，对方常常觉得承受不住。就像一个燃烧的火炉，一味添加炭火，不会使它更旺，反而可能熄灭燃起的火焰。因为，炭太沉了；因为，炉子里空间不够了；因为，看到还有那么多炭，火焰厌倦了燃烧。爱情有时就像炉中的火焰，不是你给得多，它就会一直光彩动人。

过度的爱对于接受者来说，可能是喜悦，也可能是伤害。就像两个人面对面坐着，一人拿一个杯子，一个人不停给另外一个倒水，而自己的杯子始终空着。最后，一直喝水的人终于受不了了，可能觉得对方给得太多，心存愧疚；可能在一直不停地喝，觉得腻烦；也可能因为自己始终不能为对方做些什么，找不到存在感。总之，在对方无尽的给予中，他再也感觉不到喜悦。感情走到这个地步，分离是必然的结果。

如果你爱上一个人，请给他一点独立的空间和隐私的自由吧！让爱像风筝一样在天空中飞翔，只要你握紧了手中的线，在需要时把他拉回来，让他靠近你，这份爱才不会跑掉，才会长久永恒。

花开花落，我一样会珍惜

1

罗丹第一次见到克洛岱尔时，就爱上了她。这一半由于她那带着野性的美，另一半则由于她罕见的才气。而同时，克洛岱尔也主动地向这位比自己年长24岁的男人，敞开了自己纯净和贞洁的少女世界。

罗丹的一切天性都从属于雕塑——他炯炯的目光、敏锐的感觉、深刻的思维，以及不可思议的手，全都为了雕塑而生，而且时时刻刻都闪耀出他超人的灵性与非凡的创造力。虽然当时罗丹还没有太大的名气，但他的才气已经咄咄逼人。

于是，他们很快地相互征服。正当盛年的罗丹与洋溢着青春气息的克洛岱尔，如同疾风暴雨、烈日狂潮般，一同拥入他们爱情的酷夏。同时，罗丹也开启了他艺术创作的黄金时代，而克洛岱尔不过是青涩的学生。

而对于克洛岱尔来说，她所做的，是要投身到一场需付出一生代价的残酷的爱情游戏中去。这是一场赌博。因为，罗丹有他长久的生活伴侣罗丝和儿子，但是已经跳进漩涡而又陶醉其中的克洛岱尔不可能回到岸边重新选择。她和他只得躲开众人视线，在公开场合装作若无其事的样子，寻找任何一个可能的机会，一点空间和时间，相互宣泄无尽的爱与无法克制的欲望。

2

罗丹曾对克洛岱尔说："你被表现在我的所有雕塑中。"可以看出，克洛岱尔不仅给罗丹一个纯洁而忠贞的爱情世界，还给了他感悟艺术的一切。无论是肉体的、情感的，还是心灵的，克洛岱尔给罗丹的太多了。

后来，罗丹名扬天下，克洛岱尔却一步步走进人生日渐昏暗的阴影里。克洛岱尔不堪承受长期厮守在罗丹生活圈外的那种孤单与无望，这种感觉竟纠缠了她15年，最后精疲力竭，颓唐不堪，从此与雕刻完全断绝，艺术生命就此完结。1943年，她在蒙特维尔格疯人院中去世。

在疯人院里保留的关于克洛岱尔的档案中注明：克洛岱尔死时没有财物，没有任何有价值的文件，甚至连一件纪念品也没有留下，克洛岱尔自己也认为罗丹把她的一切都掠走了。

3

我们习惯将自己放在囚笼当中过日子，即便伤心难过，囚笼的钥匙就在手中，也想不起将自己放生。这个时候你所抓的钥匙只是你心里的一根救命稻草，但并没有什么实际的意义，为什么不懂得用它换取自己的幸福和自由呢？

人生有很多难以预料的事情发生，有时我们的爱人、我们信任的朋友也有可能伤害我们、背叛我们。如果他们选择这样做了，那么我们能够怎样呢？哭着质疑他们为什么要这样对自己吗？如果事情到了这个地步，质疑只是无用功，为什么要把自己的伤悲和苦痛展现给那些伤害自己的人呢？谁会在乎呢？

如果他们真心伤害了我们，那么我们就要努力过得更好，在苦痛中开出一朵绚丽的花，让那些伤害我们的人知道，无论他们怎样伤害我们，我们的人生一样可以过得很辉煌。不要用别人的错误惩罚自己，我们受了伤，理应获得更多的幸福。

有句谚语说：爱情不是强扭的，幸福不是天赐的。有的东西你再喜欢也不会是属于你的，有的东西你再留恋也注定要放弃，爱是人生中一首永远也唱不完的歌。人的一生中也许会经历许多种爱，但千万别让爱成为一种伤害。

面对逝去的感情时，许多人都只看到了它曾经的美好，只有被这样的感情弄得遍体鳞伤时才明白，原来爱情不仅仅有美好的一面。其实，谁能保证一生只爱一个人，分手是再正常不过的事情。面对失恋，如果总深陷其中，总想做最后的挣扎，甚至认为自己不能生活得幸福，那么谁也别想幸福，在这种念头下，做着最疯狂的事情。这些都是再愚蠢不过的行为。

因为信任，所以简单

1

西方现代人际关系教育的奠基人，美国著名的人际关系学大师——卡耐基，由于他在当时的美国太出名了，对这样的人，社会自然喜欢为他制造花边新闻。如对卡耐基和秘书薇拉的关系，有人就曾经大做文章。

面对风言风语，卡耐基夫人态度坚决地信任自己的老公，她提出和老公的女秘书相处必须记住的五条原则："（1）不要猜忌丈夫与女秘书的关系；（2）不要嫉妒女秘书的漂亮迷人和工作；（3）不要勉强女秘书为自己跑腿；（4）绝对不可以傲慢、刻薄和奚落女秘书；（5）对女秘书的额外帮忙要表示感谢。"

而卡耐基本人的感情也并未因为年轻漂亮的秘书而发生改变，他继续安心工作，继续撰写他的畅销书，并且始终如一地深爱自己的夫人。对于此，卡耐基解释道："夫人这么深切地信任我，我怎么可以背叛她呢？"

是的，婚姻有了信任才叫婚姻。不过，世上几乎所有的婚姻都会遭遇信任危机，这个时候，你千万别疑神疑鬼，要尽量把自己的心态放松，把它当成是婚姻过程中的一个调味剂或者一个小花絮。面对信任危机，只要你能够用爱心和忍耐去感化对方，那么自然就能够化解矛盾、化解危机。

当然，并不是说所有的猜疑都是无端的，都是错误的。如果有确凿证据证明猜疑是正确的，那么也要保持着维护婚姻的态度，冷静地、坦诚地解决好问题；如果双方的爱已经不存在，感情已然破灭，那么这时就需要好好地谈谈分手的事了。

2

阿美和悦明是一对很恩爱的夫妻，他们十年的婚姻生活一直很平静，两人从来没有过争吵，很多人都很羡慕他们和睦的家庭，他们自己也觉得很幸福。

可是，再平静的湖水也会有起涟漪的时候。最近，阿美突然特别关心悦明，悦明的一举一动她都要问得清清楚楚。每天，她都会赶在上班之前、下班之后给悦明打电话。如果有一次悦明没有接电话，阿美便会追问一番，直到得到满意的答案。

起初，悦明并没有在意老婆的用意，只想着老婆对自己越来越好了，她的所作所为只不过是在关心自己而已。可是，最后，悦明越是解释得有理有据，阿美越不放心，常常因此心神不宁，悦明问她的时候，她却说没什么，只是一个人在那闷闷不乐，悦明感觉到他们之间不像以前那么祥和美满了。

有一天，悦明为了庆祝生意成功，和一个女客户出去喝咖啡，正在这个时候，阿美又给悦明打电话，隐约间听到电话那头有女人的声音，她二话没说就挂了。悦明想着回家再解释吧，可回家之后，阿美已经不在了。

她给悦明留下了一封信。上面写道："悦明，请原谅我就这么走了。我以为我们可以一起到白头的，但是，最近我常做梦，梦到你被别的女人抢跑了……我一直担心，总是心神不宁的，我对我们的幸福感到怀疑，所以，我每天打电话给你就是想要证实你还在。可是……你还是骗了我。咱们的感情就到此结束吧！我选择退出，不会为难你的，即使多么不舍，多么大的痛苦我都会自己承担……"

悦明看着信和签好字的离婚协议，哭笑不得。他到处打电话，却始终没有找到阿美，最后还是从儿子的口中得到了阿美的住处，当悦明找到阿美的时候，她往日灿烂的笑容不见了，脸上的皱纹也多了几条。悦明心疼地抱着这个让他哭笑不得的傻女人。

这个时候，阿美早已哭成了泪人，悦明帮她擦着泪说："你真是让我爱恨交加，什么时候变得爱吃飞醋，她只不过是我们公司的一个客户，我还没有来得及解释，你就挂电话，搞神秘失踪不说，还提出离婚，更可气的是还签上字，弃我于不顾。要不以后我的脸上贴一个标签：有妇之夫，非男勿近？"

阿美终于被悦明逗得破涕为笑，吸着鼻子说："以后我再也不会胡乱猜疑了，是我最近太忧虑了，那份协议还算数吗？你签字了吗？"

"傻瓜，我才不会像你一样！"悦明爱怜地对阿美说。

幸福美满的婚姻，恰如一部悦耳动听的交响曲，夫妻间的互相信任，如同其中最华美的乐章，没有信任这个乐章，婚姻这部交响曲就会黯然失色，甚至有可能无法继续演奏下去。

信任是生活的基本态度。同样，在婚姻关系中，你们首先要信任你们的配偶是忠诚的、是爱自己的。信任，可以让你永远保持清醒的头脑，免受外来因素的干扰与侵袭，同时也充分地保障着婚姻的稳固坚实。试想，夫妻之间如果连最根本的信任都不存在了，还谈得上什么真爱？没有真爱的婚姻又怎么会稳固。信任是基石，宽容是相处之道，猜疑只会损害两人的婚姻。

3

于娜婚前与丈夫苏磊原本是在同一个单位上班，苏磊跑外勤业务，她是内勤做出纳的。婚后，她辞掉了工作，共同编织着美好的生活，尤其是生下了儿子后，更是心满意足。一家三口其乐融融，是一个令人羡慕的美满家庭。

但是，在他们儿子8岁的时候，有人偷偷告诉她，她丈夫苏磊下班后经常和新来的秘书张小姐在一起。

有一天，苏磊很晚才回家，于娜猜疑地问他："你到哪里去了？""在工作啊！"苏磊认真地回答。"什么工作？"于娜追问。"拜访客户。"苏磊不耐烦地回答。"和谁一起去的？"

于娜继续追问。"难道我做什么事都得向你汇报？"苏磊有点恼怒。

于娜从苏磊那里得不到信息，于是便找了私人侦探暗中调查苏磊的行踪，终于获得了"确切的证据"——几张苏磊与张小姐走在一起的照片。

一天夜里，她晃动着手中的照片说："你看看，多神气！快40岁的人了，旁边跟着一个刚刚成年的漂亮姑娘。"这时的苏磊尴尬万分，急忙解释说："我们一起去找客户对账有什么好大惊小怪的？""那么一起去电影院，也是去对账的吗？"于娜问道。"看场电影算什么？你这样偷拍别人的照片是非法的！"苏磊辩解道。

一气之下，于娜跑到苏磊的公司，把照片往经理面前一摊，要求经理把苏磊调到别的分公司去。第二天，经理训了苏磊一顿，便立刻把苏磊和张小姐分别调到不同的分公司去了。

这么一搞，苏磊与张小姐的"绯闻案"一下子尽人皆知，苏磊在公司的形象和升迁都受到严重的影响。受到这种打击后，苏磊每天晚上就把怨气发在于娜身上。于娜以为这一切都是暂时的，等到苏磊接受现实之后就没事了。谁知从那次之后，苏磊与张小姐却偷偷来往得更密切了，最后终于向于娜说出了那可怕的两个字："离婚。"

于娜这下着急了，又哭又闹，到处找苏磊的家人和公司领导告状，要求他们对他和那个介入别人家庭的"第三者"做出严厉的处分，并且迫使他们分开，她想通过这些积极的努力，把苏磊的心拉回自己身边来。可是，随着于娜一次次的告状，夫妻间的裂痕越来越大，苏磊的心越飞越远，一个月后，他真的向法院提出了离婚诉讼。

法院经过调查，苏磊与张小姐起先并没有什么越轨行为，确实是因工作关系常常一起出去，但都不是单独在一起，即使是去看电影，也还有其他同事一起去。但是于娜却把事情闹大，也把苏磊与张小姐变成"同命鸳鸯"，才使他与张小姐关系更进一步地发展下去。

于娜这时才恍然大悟，是她自己的吵闹把丈夫推向了另一个女人，但是现在追悔莫及：事情到了这种地步，丈夫的心早就属于别人了。

4

曾记得一位女作家说过这样一句话：信任是心灵相通的桥梁，是家庭稳定的纽带，是化恶为善的基石。

猜疑像一条蛀虫，吞噬着夫妻双方的信任，时刻威胁着婚姻的幸福。

如果婚姻中的男女都理解相互信任的重要性，学会不随意对对方起疑心，对对方多一些信任，多给对方一些空间，懂得给对方空间就等于给自己自由，给予别人信任就等于自信和豁达，就会让婚姻得到很好的保护。

不要盘问太多，也不要猜测太多，把怀疑对方、过分担忧对方的时间，用在提升自己身上吧。爱他，就要信任他，给予适当的爱，也尊重对方的个性，尊重每个人的心灵空间。夫妻之间，哪怕再亲密，也要给对方留一片自留地。换一种角度思维，懂得信任是爱情永恒的主题。要知道，爱情的牢固，有时候仅仅是因为信任。

世界这么大，爱情那么小

1

　　紫杉是一个美丽聪明的女孩子，上学期间学习成绩一直都很好，是老师和家长眼中的乖乖女。上大学期间，因为父母经常告诫她不要谈恋爱，还是学习比较重要，乖巧的紫杉听从了父母的劝告，大学期间一直没有谈过恋爱，把时间和精力都用在了学习上，因此，每次考试紫杉都拿一等奖学金，每年都被评为优秀大学生。没有爱情的大学生活，紫杉过得也很充实，很开心。大学毕业以后，紫杉进了一家外企工作。从紫杉刚进公司那天起，公司一个叫林的男生就被清纯、美丽的紫杉吸引了，于是，称得上是情场老手的林对紫杉展开了追求。紫杉从来没有谈过恋爱，加上林又很善于使用甜言蜜语、温柔体贴的"伎俩"，不久，两个人就开始交往了。

　　可是好景不长，林渐渐厌倦了紫杉，觉得她太不成熟，还没交往多长时间她就吵着要去见家长，还总是絮絮叨叨说一些结婚生子之类的话题。林觉得自己还年轻，不能就这样被一个女人套住一辈子，于是，他向紫杉提出了分手。听到林这个决定的时候，紫杉当时的感觉真如五雷轰顶，这个打击太大了，她几乎把自己以及自己的未来都寄托在林的身上了，如今他却提出分手，还说什么大家都是成年人了，很多事情不必太当真。紫杉一下子就病倒了，整整半年的时间，她的意志一直都很消沉，想起那段经历就觉得痛不欲生，工作也早就辞掉了，整天把自己锁在房间里，茶饭不思，亲人朋友怎么劝说她都听不进去。

到最后，一米七的紫杉居然瘦到了七十多斤。就这样大约过了七八个月，紫杉终于醒悟了，她觉得自己不应该为了一段不美好的感情和一个不负责的人而折磨自己，于是她开始大口地吃饭，开始制作简历，开始到处找工作。

找到工作以后，紫杉把自己的全部精力都投入到了工作中，她的事业很快就有了小小的成就。每天下了班她都要去健身房健身，周末的时候和同事们去逛街，或者回家陪陪父母，放长假的时候就去旅游，出去走走，看看不一样的风景和人，放松一下自己的心情。

最后，紫杉发现，没有爱情的日子也很快乐和幸福，她感觉到了久违的轻松和自在，也渐渐找回了曾经的自信。紫杉很享受自己现在的单身生活，她也不再去刻意追求爱情，她想什么时候缘分到了，自己一定会遇到适合的那个人。

2

没有爱情的生活，照样可以很幸福。没有爱情就享受自由的快乐和亲情的温暖。没有爱情的日子同样可以成为我们独特的值得珍惜的人生经历。

安娜是个离过婚的女人，现在自己带着一个女儿生活。她回忆自己刚离婚的时候的生活，用"不堪回首"来形容，她说那时候简直觉得生活跌入了深渊，四处都是黑洞洞的，看不到一丝光明和希望。她甚至都想过结束自己的生命，但是看到可爱的女儿，她又重新鼓起了生活的勇气。她离开了原来生活的城市，"本来就不是自己的故乡，当初是因为爱上前夫，才留在那个城市的。"安娜说，她带着女儿来到自己一直向往的城市——昆明，在一家国际性的连锁公司找到了一份工作，这家公司的顾客主要都是女性，她在那里认识了很多和自己有着相似经历的女性，她从她们那里学到了很多东西，最重要的是她懂得了没有爱情的生活也可以很快乐。现在，安娜和女儿过着快乐幸福的生活。对于爱情，安娜说："还是有很单纯的希望，只是更加成熟理智了，对于一个人来说，爱情很重要，但是懂得爱自己更加重要。该来的终归会来的。"

不是每个人都那么幸运，可以早早地就遇到那个和自己两情相悦，能够陪伴自己走过一生的人。没有爱情的日子，我们也可以让自己的生活充满阳光。爱自己，爱亲人，爱朋友，去帮助需要帮助的人，自尊、自爱、自信，这也是一种幸福的人生。

3

在很多人眼里，爱情是他们人生中很重要的一件东西，他们可以为了爱情放弃事业，放弃亲情，放弃友情，甚至放弃自己的生命。顺治皇帝在自己的爱妃去世以后，看破红尘，出家为僧；罗马尼亚国王卡罗尔二世曾经为了爱情两次放弃王位，带着心爱的人流亡国外。可见，爱情的力量是很强大的。

然而，英国哲学家培根说过："过度的爱情追求必然会降低人本身的价值。一切真正伟大的人物，没有一个是因为爱情而发狂的人，因为伟大的事业抑制了这种软弱的感情。"

可见，在培根眼里，对一个人来说，最重要的东西是事业，而不是爱情。

爱情的确可以带给我们幸福和快乐的感觉，但是，我们也应该正确地对待爱情，正确地认识它在我们人生中的地位。即便没有爱情，我们也应该让自己过得幸福、快乐！

谈钱的时候要大方豁达

当你不把钱当成是人生大事的时候，你谈论起这件事，也会变得不自觉地豁达、从容；当你不把钱当成自己唯一追求的时候，你就不会那么斤斤计较。有钱的人各式各样，而通过谈论钱的方式，你也能看到人的修养、分寸，不是吗？

该大方谈钱的时候别扭捏，不该窥探别人荷包的时候，就不要穷追不舍。

窥探别人荷包会被人讨厌

1

在招聘中，面试官问甲和乙："很多单位对于工资单是保密的，有没有想过为什么老板要这么做？"

甲回答："老板害怕员工看到了别人的工资比自己高，心里不平衡。"

乙回答："老板希望员工在工作中习得经验、培养技能，而不仅仅是为了金钱。"

结果当然是乙胜出了。

"工作不为钱"这话乍一听太虚伪了，可是，心理学家研究发现："当金钱达到了一定的程度就不再诱人了。"

我们当然不能不拿钱白干活，但是如果你想有所作为有所成就，就不要单单以金钱的多少来衡量自己工作的意义，不要仅仅盯着他人的工资单。

福特汽车创始人亨利·福特十分欣赏一位年轻人的才能，很想帮助他实现梦想，然而，当年轻人说出他的梦想时，福特却被吓了一跳，原来，这个年轻人最大的愿望就是赚足100亿美元——比福特当时所有财产的10倍还多很多！

亨利·福特问："你要这么多钱干什么？"

年轻人想了一下："我一直都很崇拜你，超过你的财富是我人生的最大目标！"

"如果你仅仅是为了钱而工作，你就会失去'前途'和'钱途'，你还是好好想想吧！"亨利·福特愤愤地说。后来，亨利·福特就不再和年轻人见面。

5年后的一天，年轻人又回到福特汽车公司，找到福特说："这些年我已经明白仅仅和他人比富最终都会一无所有，从现在开始我要对自己的人生负责，开始做一些有意义的事……现在，我想办一所大学，但我还差一半资金，请您借给我10万美元，可以吗？"

福特竭尽所能帮助这个年轻人，两人再也没有提过100亿美元的事。

几年后，这个年轻人依靠自己的能力和亨利·福特的帮助取得了成功，建成了自己的大学——伊利诺斯大学，圆了梦想，他，就是本·伊利诺斯！

在我们的日常生活中，很多人都像当年的本·伊利诺斯一样，整日盯着别人的工资单，以拥有金钱的多少来定义自己的成功，不遗余力地为钱而工作，工作对于他们也就是一种赚钱的工具而已。

然而，这种没有责任心的方式最终让他们失去更多赚取金钱的机会，甚至让他们葬送了自己的前程。因为一个人的工资是大致固定的，而工作的多少却是不定数，若是在"金钱"视野下，当没有钱作为动力时，他们就对手头的工作失去了兴致，而无论什么工作，只要你摆脱物质欲望，忽视了金钱的动力，你都会投入无限的热情。在这个过程中，你就能发挥自己的最大的才华和潜力，最终在不断的提升中，实现了自己的真正的需求——自我实现的需求。自然，这时候你的工作质量和效率也会随之提高！自然，你个人在工作中的满足感也会迅速成长！那么，你的高薪水、高职位也会"不期而至"。

2

一个整日盯着别人的工资单，为了比拼工资而大伤脑筋的人，不会看到工资背后的成长机会，自然也不会从工作中获得扎实的技能和经验，这样的人即使在本职工作上做个三五年，也不会是有所提升，更不会受到上司的器重——他根本不是上司需要的那种人。

人在职场中，总是忍不住自己的好奇心，喜欢偷偷打听同事的工资。有的人打探别人时喜欢先亮出自己，比如先说"我这月工资……奖金……，你呢？"如果他比你钱多，他会假装同情，心里却暗自得意。如果他没你钱多，他就会心理不平衡了，表面上可能是一脸羡慕，私底下往往不服，这时候你就该小心了。背后做动作的人通常让你防不胜防。

闫芳和甄晓兰在同一家公司工作，是工作上的搭档，两人关系很好。无论干什么事总是在一起，有什么喜讯都愿意和对方分享。

又到了发工资的时候了，因为上个月他们做的一个预案特别成功，所以老板给他们发了奖金。闫芳打开工资单一看，整整多了五百元的奖金，心里都快乐疯了。旁边的甄晓兰问她发了多少工资的时候，她毫不犹豫地说了出来，虽然公司有规定不让大家互相打听工资。

甄晓兰的脸一下就阴了下来，因为她的工资单上的奖金只有四百元。于是她就想：我和闫芳干的是同样的工作，一起设计一起讨论，凭什么我就比她少一百呢。旁边的闫芳看她脸色不好忙问为什么，她摇摇头，然后自己就走了。闫芳也因为奖金很高兴所以没有太在意。

甄晓兰找到老板质问凭什么少发给她一百元的奖金，老板一愣，虽然很反感，但还是告诉她因为闫芳的工作比她严谨，能力比她强，就让她回去了。回到位子上的甄晓兰越想越气，于是就悄悄地给闫芳"栽赃陷害"。不久公司传开：闫芳在做预案的时候贪污了公司的钱。终于事情传到老板的耳朵里，老板把她们俩叫到了自己的办公室。

一进门老板就开口问闫芳："你是不是私自拿公司的钱买东西了？"闫芳一愣，心想：老板是怎么知道的？原来，上个月和甄晓兰一起做预案的时候，自己有一次没有带钱就从公司的钱里面拿了一点，不过事后马上就给补上了。这事情只有甄晓兰知道，难道流言是甄晓兰传出来的？

反观此时的甄晓兰，正一脸严肃地看着她。闫芳心里明白了，她承认了自己拿钱的事情，老板查了查记录，确实也把钱补上了，于是批评道："如果再有这样的情况要及时汇报，否则就自己离开吧。"闫芳赶紧答应了。

老板转头对甄晓兰说："你为什么陷害闫芳呢？"甄晓兰说："因为我觉得我们的能力一样，她却比我得的工资多，我不平衡！"最后，老板开除了甄晓兰，因为公司不能容忍一个好打听别人薪水而嫉妒心又如此之强的人。

3

发多少薪水是对你自己劳动价值的一个肯定，而且自己也不能去决定。身在办公室，每个人的学历和能力都不一样，薪水自然也就不一样。去打听别人的薪水只会让自己不痛快，碰到像甄晓兰这样的人，只能是自讨苦吃。

在办公室里，个人薪水的多少是一个秘密，触碰不得。打听别人的薪水会让别人很难堪，而且给自己的为人也下了一个定义。要明白，别人的薪水多少和你没有关系，即便大家的工作一样，也要看平时的表现以及工作时间的长短。所以碰上发薪水的时候，自己不要去随便打听别人的工资。如果别人打听自己的工资也要懂得拒绝。

首先，你不要做这样的人。如果你自己都不能把持住自己的嘴巴，那么别人问你时你将没有任何借口拒绝。

其次，如果你碰上有这样的同事，最好早做打算。当他把话题往工资上引时，你要尽早打断他，说公司有纪律不谈薪水。如果不幸他语速很快，没等你拦住就把话都说了，也不要紧，你可以直接回绝对方：

"对不起，我不想谈这个问题。"有来无回一次，就不会再有下次了。如果不好意思直接拒绝，那也可以委婉一点回应。比如："跟你差不多""够我生活的""少得不好意思拿出来谈""多得我怕你会觉得难过"或是"有些事我连我父母都不透露"。

聪明的人要明白，从你踏进办公室的大门起，就应该遵守办公室的规则。在办公室时面对薪水的问题一定要守口如瓶，否则会很容易得罪人，因为总有人觉得工作比你认真，该得到的比你更多。

安全区最能毁灭一个人

1

一个能赚大钱的人，经常会想：就是下暴雨，刮狂风，也要游到对岸去。正是不安于现状的想法，使许多人功成名就，换句话来说，这种想法也是成为富人的关键所在。

　　巴拉昂曾是一位媒体大亨，以推销装饰肖像画起家，从穷人到富人的蜕变，只用了短短的10年时间；10年之后，他迅速跻身于法国50大富翁之列，不过他因前列腺癌于1998年在法国博比尼医院去世。临终前，他留下遗嘱，把4.6亿法郎的股份捐献给博比尼医院，用于前列腺癌的研究；另有100万法郎作为奖金，奖给揭开贫穷之谜的人。

　　其遗嘱刊出之后，媒体收到大量的信件，有的骂巴拉昂疯了，有的说是媒体为提升发行量在炒作，但是多数人还是寄来了自己的答案。

　　在这些答案中，很多人认为，穷人最缺少的是金钱，这个答案占了绝大多数。有了钱就不再是穷人了，这似乎是不需要动脑筋就能想出来的答案。也有一部分人认为，穷人最缺少的是帮助和关爱，人人都喜欢关注富人、明星，对穷人总是冷嘲热讽不重视。另一部分人认为，穷人最缺少的是技能。现在能迅速致富的都是有一技之长的人，一些人之所以成了穷人，就是因为学无所长。还有的人认为，穷人最缺少的是机会。一些人之所以穷，就是因为时机不对，股票疯涨前没有买进，股票暴跌后没有抛出，总之，穷人都穷在没有好运气上。另外还有一些其他的答案，比如，穷人最缺少的是漂亮，是皮尔·卡丹外套，是总统的职位，是沙托鲁城生产的铜夜壶，等等。总之，五花八门，应有尽有。

　　那么正确答案是什么呢？在巴拉昂逝世周年纪念日，他生前的律师和代理人按巴拉昂生前的交代，在公证人员的监督下打开了那只保险箱，在48561封来信中，有一位叫蒂勒的小姑娘猜对了巴拉昂的秘诀。蒂勒和巴拉昂都认为穷人最缺少的是野心，即成为富人的野心。在颁奖之日，媒体带着所有人的好奇，问年仅9岁的蒂勒，为什么能想到是野心。蒂勒说："每次，我姐姐把她11岁的男朋友带回家时，总是警告我说不要有野心！不要有野心！我想，也许野心可以让人得到自己想得到的东西。"

巴拉昂的谜底和蒂勒的回答见报后，引起不小的震动，这种震动甚至超出法国，影响到了英国和美国。即使是一些好莱坞的新贵和其他行业几位年轻的富翁在就此话题接受电台的采访时，都毫不掩饰地承认：野心是永恒的特效药，是所有奇迹的萌发点。

有句苏格兰谚语说："扯住金制长袍的人，或许可以得到一只金袖子。"那些志存高远的人，所取得的成就必定远远离开起点。即使我们的目标没有完全实现，而为之付出的努力本身也会让我们受益终生。

2

拥有野心是重要的，更重要的是知道自己所追求的目标。要知道，目标永远只有一个，那就是"成功"。速度不是奔跑，在把握速度之前，首先把握方向。方向对了，永远都是在奔跑。

爱因斯坦在他的《自述》中曾坦言："数学和物理的每一个领域的研究都会牺牲我的短暂的一生，可是我学会了识别那些意义非凡的目标，而把许多可望而不可即的目标舍弃了，只取我的一生能够实现的。"

爱因斯坦为什么能够成为伟大的科学家，最为关键的是，他运用了具体的目标法。

我们来看看创造财富的"黄金五大定律"：

巴比伦首富阿卡德只有诺马希尔一个儿子，当儿子成年后，阿卡德没有急于将财产交给他，而是送给他两样东西：一袋黄金和一块刻着黄金五大定律的泥板，让诺马希尔到外面去闯荡。诺马希尔遵守着泥板上的五大定律，历经10年的磨难之后，不仅保住了父亲给他的一袋黄金，而且多赚了两袋。

后来这五条定律，曾指引了无数人从贫穷走向富有。

在此，将它们作以引述，相信对谋财者不无裨益：

第一定律：凡把所得的十分之一或更多的黄金储存起来，用在自己和家庭之未来的人，黄金将乐意进他的家门，且快速增加；

第二定律：凡发现了以黄金为获利工具且善加利用的聪明主人，黄金将甘心地为他工作，并且获利速度甚至比田地的产出高出好几倍；

第三定律：凡谨慎保护黄金，且依聪明人意见好好地使用的人，黄金会乖乖地在他手里；

第四定律：在自己不熟悉的行业投资，或者在投资老手所不赞成的用途上进行投资的人，都将使黄金溜走；

第五定律：凡将黄金运用在不可能得利的方面，以及凡听从诱人易受骗的建议，或凭自己毫无经验和天真的投资概念而付出黄金的人，将使黄金一去不返。

3

作为上班族，在当前投资理财十分盛行的时候，在经济条件对人的生活质量影响越来越大的时候，在赚钱能力成为衡量一个人能力的重要依据的时候，不能再抱着"工作努力=职务晋升=生活富裕"的老观念。作为一般的上班族，公司或是单位所支付给你的薪水永远赶不上投资所产生的巨大财富。

洛克菲勒曾说过："只知道努力工作的人，失去了赚钱的时间。"

所以，上班族要抛弃"为钱工作""以时间换钱"的陈旧观念，重新审视和组合工作与财富两者的关系；在工作赚取薪水的同时，千万别忘记了利用业余时间投资致富。要知道，许多情况下，薪水不如业余收入多。我们提倡努力工作，但我们也要直面现实：努力工作也许是迈进富人圈的途径之一，但并不是只要努力工作就能成为富人。

在我们身边，有许多在自己岗位上倾注了毕生心血的人，但他们现在的生活却很艰难。他们中的一些人还在用退休金还债；一些人连生病住院的自付部分的钱都没有着落；还有一些人靠左邻右舍的施舍过日子……原因就在于，他们只知道用心工作，却不知道如何高效地利用自己挣来的钱去挣钱；一到退休停止"时间换钱"的行为后，收入就直线下降，自然不能过上富裕的生活。

只努力工作，是在用时间换钱，所赚的钱永远都有一个极限，因为人的工作时间是有限的。

所以，在这个世上，许多人用80%的时间和精力努力工作，换取20%的收入；另一小部分人，却能够用20%的时间和精力去创造80%的财富！

安于现状，稳定少变，随遇而安，是人类根深蒂固的通病，也是我们成为富人的大敌。

"只要安稳地过一辈子就好，只要过得去就行了，不必赚太多的钱。"

假如，你的脑子被这种念头占据，你就一辈子赚不了大钱。不满现状，奋发向上是赚钱发财的前提。醒醒吧，从你的安全区里走出来！引导你赚钱的最佳动机，应该是不愿过"单调无意义的生活"，想过"更充实更华丽的生活"这种念头才对。

成功没有捷径，但可以另辟蹊径

1

在残酷的市场竞争中杀出一条成功之路，对于很多人来说，其中的残酷与艰难足以令人望而却步，但是打破常规，不走寻常路则可以令你事半功倍。

美国缅因州有对夫妇，拥有一座建于19世纪的老式旅馆。因为经济正处于大萧条时期，房地产业很不景气，所以这座旅馆很不好卖。广告打出好长时间了也无人问津，连询问的电话也是寥寥无几。夫妇二人为此事愁眉不展，烦恼不已。

有一天夜晚，夫妇二人又在灯下筹划着如何才能把这座小旅馆尽快脱手。他们左思右想，终于想出了一个"100美元廉让"的绝招。

第二天，他们夫妇就在一家报纸上刊登出了这样一则广告：要求参赛者撰写一篇250字的短文，文章的开头必须有"我希望拥有像森特拉弗里这样的旅馆"的字句，下面的内容则由作者自由书写。评审的标准是：不必妙笔生花，但须情真意切。本次征文比赛只设冠军一名，奖品便是这间"森特拉弗里"旅馆。

附带的条件是每位参赛者，必须同时寄上一百美元的参赛评审费。落选者恕不退还。

100美元，应该是个小数目。250字的短文，人皆会写，因此吸引了很多人。广告一登出，引发了人们的好奇，市民们议论纷纷，参赛者纷至沓来，报名截止时竟有8000多人参赛。

夫妇二人很是高兴，没想到参赛者如此众多，乐得合不拢嘴。根据当地的法律规定，赛事的收益不得超过50万美元。这对夫妇只能从中筛选接受5000名参赛者的应征费。尽管如此，这对夫妇不仅"卖"出了小旅馆，而且收益颇丰。

一个小小的改变，一个新的思路，往往会得到意想不到的效果。

2

如果你要想开拓财路，不光要具备审时度势的头脑与眼光，还要能及时打破思想，提升意识形态，更新思路，在思想上创新。

委内瑞拉人拉菲尔·杜德拉正是凭借这种灵活变通而发迹的。在不到20年的时间里，他就建立了投资额达10亿美元的事业。

20世纪60年代中期，杜德拉在委内瑞拉的首都拥有一家很小的玻璃制造公司。可是，他并不满足于干这个行当，他学过石油工程，认为石油是个赚大钱和更能施展自己才干的行业，一心想跻身于石油界。

有一天，他从朋友那里得到一个信息，说是阿根廷打算从国际市场上采购价值2000万美元的丁烷气。得此信息，他认为跻身石油界的良机已到，于是立即前往阿根廷，想争取到这笔生意。

去后，他才知道早已有英国石油公司和壳牌石油公司两个老牌大企业在频繁活动了。这是两家十分难以对付的竞争对手，更何况自己对石油业并不熟悉，资本又不雄厚，要做成这笔生意难度很大，但他并没有就此罢休，他决定采取变通的迂回战术。

一天，他从一个朋友处了解到阿根廷的牛肉过剩，急于找门路出口外销。他灵机一动，觉得幸运之神到来了，这等于给他提供了同英国石油公司及壳牌石油公司同等竞争的机会，对此他充满了必胜的信心。

他旋即去找阿根廷政府。当时他虽然还没有掌握丁烷气，但他确信自己能够弄到，他对阿根廷政府说："如果你们购买我2000万美元的丁烷气，我便买你2000万美元的牛肉。"当时，阿根廷政府想把牛肉赶紧推销出去，便把购买丁烷气的投标给了杜德拉。

投标争取到后，他立即筹办丁烷气。他随即飞往西班牙。当时西班牙有一家大船厂，由于缺少订货而濒临倒闭。西班牙政府对这家船厂的命运十分关切，想挽救这家船厂。

这则消息对杜德拉来说又是一个可以把握的好机会。他便去找西班牙政府商谈，说："假如你们向我买2000万美元的牛肉，我便向你们的船厂订制一艘价值2000万美元的超级油轮。"

西班牙政府官员对此求之不得，当即拍板成交。杜德拉马上通过西班牙驻阿根廷使馆，与阿根廷政府联络，请阿根廷政府将杜德拉所订购的2000万美元的牛肉，直接运到西班牙来。

杜德拉把2000万美元的牛肉转销出去之后，继续寻找丁烷气。他到了美国费城，找到太阳石油公司，说："如果你们能出2000万美元租用我这艘油轮，我就向你们购买2000万美元的丁烷气。"

太阳石油公司接受了杜德拉的建议。从此，他便打进了石油业，实现了跻身石油界的愿望。经过苦心经营，他也终于成为委内瑞拉石油界的巨子。

3

绝大多数人一遇到困难，还未曾仔细思量这个困难的程度到底如何，就预先在自己心底设下了栅栏。一旦栅栏放下之后，再想跨越就不是那么简单的事了。

遇到阻碍时，只要找出问题真正的关键所在，就可以征服它。

日本知名的企业家通口俊夫领导的企业执医药界的牛耳，分店遍布全国。然而当初刚刚开始经营时，他也曾遭遇严重的瓶颈。创业初期，他沿着铁路沿线开了三家店，但是生意却非常差。这一天，他垂头丧气地从店中出来，坐上火车回家。"怎么办呢？店里的生意这么差，就快要撑不下去了！"通口先生心里嘀咕着。

坐在前排的几个小学生的嬉笑声，打断了他的懊恼。他抬起眼来往前看了一看，目光被一个孩子手上抢转的三角板给吸引住了。"是了，我的三家店位于同一条直线之上，所以有效客源无法集中，应该要呈三角鼎立，如此二点连线起来，就能确保中间的客源了。"

不久，他关闭了两家店，另外又开了两家新店，三家店鼎足而立。果然，过了没多久，业绩直线上升。通口先生用这种三角经营法陆续地开了上千家分店，成了全国知名的企业。

美国一位著名的商业人士在总结自己的成功经验时说：他的成功就在于他善于变通，他能根据不同的困难，采取不同的方法，最终克服困难。对于善于变通的人来说，世界上不存在困难，只存在暂时还没想到的方法！

未来并非不能想象，
但想的时候先做好当下

1

Google全球副总裁兼中国区总裁李开复博士曾用自己亲身经历的一件事情，告诉年轻人，机遇就在当下的每一项工作之中，如果想得到，就必须首先做好它。

有一天，李开复头发长了，他太太催他去理发，还让他去某理发店，找他姐姐推荐过的一个叫Gary的年轻理发师。于是，他下班后就径直到理发店找到了那位名叫Gary的小伙子。

Gary看到李开复后，似乎有些惊讶地说："你是李开复老师吗？"

"是的。"

"你知道吗？我买了你的书，读了两遍。下次，帮我签个名吧。"Gary有点儿兴奋。

"OK。"

"能问你一个问题吗？"

"你边剪边问吧。家里人还等着我用餐呢。"李开复拿掉眼镜，催Gary快点开始理。

"我如果和老板意见不合怎么办？"看来，这个问题已经困扰Gary很久了。

"你的老板是什么样的人？"李开复反问道。

"他人挺好的，对我也很赏识，只是最近有一件事，他当众批评我，让我非常生气。"

"那要看是什么事情。"

"老板批评我对顾客不够周到，"Gary皱紧了眉头，"也许我可以做得更好。但问题是，我是被洗头的小妹陷害的。她在背后说我坏话，以为我不知道……"

Gary越说越激动，聊了十几分钟，李开复听明白了事情的大概。Gary太专注于自己的工作，却没注意处理好人际关系，也就是说，人缘不好。于是，李开复便提醒Gary看一看关于情商和团队合作的书，李开复还告诉Gary，其实他的老板挺好的，偶尔错怪他一次，也别老放在心上。

听了李开复的指导，Gary的心情明显好了许多，说："谢谢李先生！还有一个问题：我想要创业。"

然后，他向李开复谈起了过去他如何放弃读大专的机会，到深圳拜师学艺。这些年，他努力攒钱也略有积蓄。另外，自己还读了不少关于创业和管理的书。现在，他打算自己开一间理发店。

他看起来很执着，单身，又有一技之长，创业似乎是一个不错的选择。但李开复还是建议他，必须先培养人际关系，另外，对于理发店的运营，也可以在工作时多学习一下，比如财务、采购等方面的事情都要学习。

Gary听得全神贯注，津津有味。40分钟后，理发结束。

Gary诚恳地说："李先生，非常感谢你的指点。我现在知道该怎么做了。以后开了店，理发我请客。"

"别客气。"

"戴上眼镜，照照镜子，看看怎么样？"

"不用了，我姐姐那么挑剔的人都夸奖你，你理的发一定没问题。"李开复匆匆地走了，这次理发的时间太长了，家里人还等着他呢。

回到家里，李太太一看到他就大声地叫了起来："哇！你的头发好像狗啃的！"他的两个孩子看到了，也一个捧腹大笑，一个要拍照。

李开复赶紧戴上眼镜跑到镜子面前。原来，年轻的理发师只顾着跟他讨论问题，他的头发却成了无辜的牺牲品。

2

在职场上，你想要得到一个更高的职位，如果没有做好相应能力的准备，即使真的给了你这样的职位和机会，你也会败下阵来。所以，想要晋升到更高的职位，必须懂得"欲谋其位，先谋其事"的道理。如果你想要成为领导，在私下里就要学习领导的办事风格，思考领导职责范围内的一些事情。一旦你做好了这些准备，领导也会给你机会的。

孙思娇是一家国有企业的办公室文员。她所在的职位每天要拆阅、分类大量的公司信件，工作内容单调，工资也不高，很多女孩子都待不了多久就跳槽走了，但是孙思娇却坚持了下来，而且工作更加努力。每天她总是第一个来到办公室，除了做好本职工作外，还把那些并非自己职责范围内的事——诸如替办公室主任整理材料等也做得无可挑剔。终于有一天，办公室秘书因故辞职了，在挑选合适的继任者时，办公室主任很自然地想到了孙思娇，认为她完全可以胜任这份工作，因为她在没有得到这个职位之前就一直在做这份工作了。

做了办公室秘书的孙思娇依然努力工作，每每办公室主任需要加班赶材料时，她总是悄无声息地留下来帮领导的忙。后来主任升为总公司行政总监的时候，她又理所当然地得到了办公室主任的职位。

俗话说："一分耕耘，一分收获。"要想脱颖而出，不仅要做好自己分内的工作，而且还要多干一点儿，为将来升级后的工作提前准备。一个下属能够做到这一点，往往能给领导留下深刻的印象，从而获得更多晋升的机会。

具体而言，平时应多留心观察领导是怎样处理日常工作的，要善于站在领导的立场上考虑问题。虽然"预谋其政"并不一定能起到立竿见影的效果，甚至不能够在领导面前流露出来，但是经常"预谋其政"，观察和思考领导处理的一些事情，就能够在无形中锻炼自己的领导能力。具备了领导能力后，一旦有了表现的机会，就可以一鸣惊人，让人刮目相看。

"预谋其政"不等于越权替领导做主，而是站在一个辅助角色的位置上，为领导出主意、想办法、排忧解难，这样一来，无形中你也会对自己的工作态度、工作方式以及工作成果树立一个更高的要求与标准，今后一旦有加薪晋职的机会，领导自然会想到你。

选择人才、提拔干部就是为了让企业赢利。赢利是目的，手段是为目的服务的，手段离开目的就失去方向，所以手段必须与目的保持一致。日本当代著名的经营管理学家土光敏夫有句名言："撑竿跳的横竿总是要不断往上升的，不能跳跃它的人，就应尽快离开竞技场。"

3

职场中，做完了该做的事再争取升职是一种基本惯例，可以给你带来宝贵的名誉，可以为你赢来别人的尊重，是你快速升职的重要砝码。

美国IBM计算机公司之所以发展迅速，正是因为公司服务人员在产品售后服务中有高度的责任心和持之以恒的辛勤工作以及他们信守诺言的美德。

一天，菲尼克斯城的一个用户急需重建多功能数据库的计算机配件。IBM公司得知后，立即派一位女职员送去。不料途中女职员遭遇倾盆大雨，河水猛涨，封闭了沿途的14座桥，交通阻塞，汽车已无法行驶。按常理，遇到这种情况，女职员完全有理由返回公司，但她没有被饥饿和途中的艰险所阻挡，仍勇往直前，并巧妙地利用原来存放在汽车里的一双旱冰鞋，滑向目的地。平时只需要20分钟的路程，今天却变成了4个小时的跋涉。女职员到达用户目的地后，又不顾旅途的疲劳，及时帮助用户解决了困难。

做完这件事情的第二天，女职员汇报了这一切，很快，她得到了晋升。

在现实中，有些员工为了在领导面前讨巧经常不考虑自身能力，对领导的任何问题都以"没问题""您放心""包在我身上"回应。能办成了还好，如果不能办成，往往会给领导留下不好的印象，领导还怎么可能放心把重任交给这样的员工呢？所以，一定要只承担那些有把握完成的工作。

在升职的道路上，不仅要"先谋其事"，还要学会用事实说话，先给领导他想要的"结果"，才能争取到自己想要的"结果"。

4

我们的未来并非不能想象。但想象之余，更应该做的是，把握好手中的一分一秒，做好每一件事，功到自然成。不论做人还是做事都切勿好高骛远，先把自己分内的事情做好再去想别的。

有道是："不谋全局者，不足以谋一域。"如果一个人眼睛只盯着自己的一亩三分地，你这一亩三分地就肯定能管得好吗？"机遇总是垂青有准备的头脑"，提拔你的机会果真来了，你能有把握坐好这个位子吗？你具备胜任这一职位的能力吗？

做事不由东，累死也无功

1

在职场中，资深员工都会告诫职场"菜鸟"：要努力，更要会沟通、搞好关系。意思是说，与领导建立良好的关系并获得赏识，工作起来就会比较顺水顺风。可有的人偏偏认为与领导搞好关系是走旁门左道，只有拿出好的业绩才是真本事，便"闷头大发财"。这种观念还不完全对。

小A进入环宇公司三年来，工作兢兢业业，勤勤恳恳，凭着她吃苦耐劳的精神，总是能够出色地完成公司交给她的任务，成为大家公认的业务骨干。可小A哪里都好，就是与自己的顶头上司关系不好。

她的顶头上司老吴混迹职场多年，凭着这些年的行业积累，在主管的职位上坐得四平八稳。但是，接触的时间长了，老吴的一些缺点也在小A面前暴露无遗，比如气量狭小，爱在女同事面前讲"荤段子"，等等。这些毛病都让小A对她的上司产生了鄙薄之意，因此在平时的工作中，小A对老吴能躲则躲，甚至私下里对老吴牢骚满腹。

小A的这种心思自然而然地流露到她的日常表现上，老吴看在眼里记在心上，在工作中自然认为小A虽然业务能力强，但清高孤傲，不尊重领导，久而久之，便有"壮士断臂"之心，打算将小A扫地出门。

于是，在年底公司准备给每位员工续签合同之际，业务骨干小A却在所有人惊愕的表情中接到了公司人事部门"不予续签劳动合同"的通知。黯然神伤之余，小A做了深入反思，终于明白：不清高孤傲，与领导处好关系真的很重要。

作为一名员工，在部门里唯一有资格对你进行综合评判的，便是你的顶头上司。你的业务能力再强、销售业绩再高，如果与上司之间缺少融洽的关系，甚至处于对峙状态。时间久了，即使像老黄牛一样勤恳，也难以成为上司的左膀右臂，你的综合评估也不会好到哪里去！

2

在职场上混饭吃，你要想成为上司的左膀右臂，就必须和上司全面接触，甚至学会利用和创造各种各样的机会。只有经常有意无意地亲近上司，让他记住你，了解你的意见和想法，你才有可能收获意外的惊喜。

因业务发展需要，H图书公司的编辑中心新招了五六个刚毕业的年轻人。为表达对这批"新鲜血液"的厚望和鼓励，他们的顶头上司龚主任决定宴请他们。酒店离公司不远，新人们三三两两结伴而行，唯独将比他们年长二十几岁的龚主任抛在了一边。也许他们觉得自己都是小字辈，跟龚主任难有共同话题；也许他们觉得龚主任是自己的上司，由于敬畏之心而自然地产生了距离感，所以几个人都跟在龚主任后面十几米远。

新来的刘艳梅看在眼里，不免替龚主任尴尬。怎么办才好呢？于是，在进入酒店落座之前，刘艳梅借故先去了趟洗手间。回来一看，果然不出她所料，龚主任坐在中间位置上，他两旁的座位都是空着的，而其他几位同事都隔着龚主任坐着，或缄口慎言，或局促不安。看见龚主任强挤出笑容的样子，刘艳梅赶紧说："咱们都往一起凑凑吧，显得热闹！"说完，便很自然地坐在了龚主任身旁的空位上，并对龚主任投来的赞许目光报以会心一笑。

刘艳梅的做法巧妙而自然，很好地缓解了陌生环境下出现的尴尬气氛。可惜的是其他几位新编辑，本来这次龚主任就是想和他们亲近一下，交流一下，谁想他们却辜负了上司的美意，把他晾在一边。

那次晚宴，刘艳梅给龚主任留下了非常好的印象，觉得她是个可塑之才。在今后的工作中从选题策划到作者资源再到市场营销，龚主任都对刘艳梅知无不言、言无不尽。刘艳梅的业务能力提升很快，在同批进来的同事中脱颖而出。

3

古代时一个贵族要出门到远方去。临行前，他把三个仆人召集起来，按着各人的才干，给他们银子。后来，这个贵族回来了，他把仆人叫到身边，了解他们经商的情况。第一个仆人说："主人，您交给我5000两银子，我已用它赚了5000两。"主人听了很高兴，赞赏地说："善良的仆人，你既然在赚钱的事上对我很忠诚，又这样有才能，我要把许多事派给你管理。"第二个仆人接着说："主人，您交给我的2000两银子，我已用它赚了1000两。"主人也很高兴，赞赏这个仆人说："我可以把一些事交给你管理。"第三个仆人来到主人面前，打开包得整整齐齐的手绢说："尊敬的主人，看哪，您的1000两银子还在这里。我把它埋在地里，听说你回来，就把它掘出来了。"主人的脸色沉了下来："你这个又恶又懒的仆人，你浪费了我的钱！"于是他夺回了这1000两银子，把它们给了第一个仆人，并说："凡是有的还要加给他；没有的，连他所有的也要夺过来。"

第三个仆人认为自己会得到主人的赞赏，因为他没有丢失主人给他的1000两银子。在他看来，虽然没有使用金钱增值，但也没有丢失，就算完成主人交代的任务了。然而他的主人却并不这么认为。他不想让自己的仆人顺其自然，而是希望他们表现得更杰出一些。他想让他们超越平庸，其中两个做到了——他们自己站在上司的角度上，为上司着想，把赋予自己的东西增值了，只有那个愚蠢的仆人得过且过。

4

欧阳是一位国际市场部总经理助理。他接到了一项紧急任务，根据上司的笔记，准备好业务进展曲线图表。起草图表时，他注意到上司写道："美元坚挺，则出口就会增加。"欧阳知道，事实恰恰相反。于是，便通报上司，告知已经纠正了这一错误。

上司很感谢欧阳发觉了他的疏忽。当第二天向上呈报未出丝毫纰漏后，上司对欧阳做出的努力再次道谢，不久，欧阳发现自己的薪酬增加了。

上司并非全才，在工作中他会遇到许多难题。这些难题也许不是你的分内工作，可是这些难题的存在却阻碍着团队的前进，如果你能够帮助上司解决这难题，无疑，你在成功的路上会前进得更快。

俗话说：做事不由东，累死也无功。在职场中，要是没有领导尤其是顶头上司的赞赏和支持，你就算拼死拼活地干，要想超越上面层层"屏障"，也实在是太难、太慢了。

所以，我们在不断地提高自身的业务能力的同时，也要时刻寻找并抓住与上司接近的机会，激活你的人脉，让上司很好地、全面地认识你，对你产生好感、信任，乃至依赖，有朝一日，你成为上司的左膀右臂了，那么你在职场中生存得如鱼得水的日子就不远了！

请一定记住，上司也是人，也需要被人尊重和重视。而那些见到上司就像老鼠见到猫，总想绕道走，对待上司就像对待自己的天敌那样的人，只会与机会擦肩而过，迟早会被上司逐出视野之外。

同上司一同成长不是毫无目的地跟随上司。优秀员工的标准是不仅自己执行成功，还帮助上司执行成功，同上司一起执行，一同完成任务。帮助上司获取成功有许多方式，但不是拍马屁。

如果你想取得像上司今天这样的成就，办法只有一个，那就是比上司更积极主动地工作。

闲下来的时候学点理财

1

小林在朋友的建议下，买了一只基金。在他看来，基金的低风险与平稳收益对他这种谨慎胆小还想发财的投资者而言，是一个不错的选择。

前几个月，他的基金表现优异，小林每次上网站看他的基金时，都能由衷地感受到财富增长带给他的惊喜。然而，在接下来的三个月里，这支基金开始不断地"跳空"，反复考验着他的心理承受能力，耐住性子的小林坚持认为它是在积蓄力量，酝酿反弹，所以暂时没有采取什么措施。然而，再接下来的好几个月里，小林发现他的这只"鸡"变成了"瘟鸡"，长跌不起，到最后几乎是"破罐子破摔"，再也不理会小林焦灼的目光了。结果，小林刚刚尝到了一点增值的喜悦，就眼看着这支他寄予了厚望的基金一落千丈。愤怒的小林一气之下，不顾朋友的劝告，立马"杀鸡"——将这支基金低价处理了，并打算从此以后，再也不涉足投资理财了。

然而，过了不久，他就尝到了冲动的后果，小林当初买下又抛弃的那支基金奇迹般地咸鱼翻身，一举创下了佳绩，而小林的一时冲动，让他损失的，不仅仅是金钱，更是第一次投资失利的账单。

2

有个寓言故事也能说明问题。

一天动物园管理员们发现袋鼠从笼子里跑出来了，于是开会讨论，一致认为是笼子的高度过低。所以它们决定将笼子的高度由原来的10米加高到20米。结果第二天他们发现袋鼠还是跑到外面来，所以他们又决定再将高度加高到30米。

没想到隔天居然又看到袋鼠全跑到外面，于是管理员们大为紧张，决定一不做二不休，将笼子的高度加高到100米。

一天长颈鹿和几只袋鼠们在闲聊。"你们看，这些人会不会再继续加高你们的笼子？"长颈鹿问。

"很难说。"袋鼠说，"如果他们再继续忘记关门的话。"

小林就是这样一个投资者，只知道有问题，却不能抓住问题的核心和根基。一方面他不想让自己辛辛苦苦赚来的钱放在股市里冒风险，另一方面，又想很快地让自己的收入见到很好的回报。

风险其实包含危险和机会两重含义，危险降低收益，而机会增加收益，而且往往高风险与高收益并存，低风险与低收益相依，这是投资的"铁律"。也就是"小舍小得，大舍大得"。想要低风险高收益，是不可能的。

所以当我们进行投资时，必须考虑自己能够或愿意承担多少风险，这涉及个人的条件和个性。

3

一个人面对风险表现出来的态度通常可以分为四种状态，那就是：激进型、中庸型、保守型、极端保守型。

固执人、马大哈、懒惰者和机灵鬼四个人结伴出游，结果在沙漠中迷了路，这时他们身上带的水已经喝光，正当四人面临死亡威胁的时候，上帝给了他们四个杯子，并为他们带来了一场雨。但这四个杯子中有一个是没有底儿的，有两个盛了半杯脏水，只有一个杯子是拿来就能用的。

固执人得到的是那个拿来就能用的好杯子，但他当时已经绝望之极，固执地认为即使喝了水，他们也走不出沙漠，所以下雨的时候，他干脆把杯子口朝下，拒绝接水。马大哈得到的是没有底儿的坏杯子，由于他做事太马虎，根本就没有发现自己杯子的缺陷。结果，下雨的时候杯子成了漏斗，最终一滴水也没有接到。懒惰者拿到的是一个盛有脏水的杯子，但他懒得将脏水倒掉，下雨时继续用它接水，虽然很快接满了，可他把这杯被污染的水喝下后却得了急症，不久便不治而亡。机灵鬼得到的也是一个盛有脏水的杯子，他首先将脏水倒掉，重新接了一杯干净的雨水，最后只有他自己平安地走出了沙漠。

这个故事不但蕴涵着"性格和智慧决定生存"的哲理，同时也与当前人们的投资理财观念和方式有着惊人的相似之处。

受传统观念的影响，许多人就和故事中的"固执人"一样，认准了银行储蓄一条路，拒绝接受各种新的理财方式，致使自己的理财收益难以抵御物价上涨，造成了家财的贬值。

有的人就和故事中的"马大哈"一样，只知道不停地赚钱，却忽视了对财富的科学打理，最终因不当炒股、民间借贷等投资失误导致了家财的缩水甚至血本无归，成了前面挣后面跑的"漏斗式"理财。

有的则和故事中的"懒惰者"一样，虽然注重新收入的打理，但对原有的不良理财方式却懒得重新调整，或者存有侥幸心理，潜在风险没有得到排除，结果因原有不当理财影响了整体的理财收益。

但是，也有许多投资者和故事中的"机灵鬼"一样，他们注重把家庭中有风险、收益低的投资项目进行整理，也就是先把脏水倒掉，然后把杯子口朝上，积极接受新的理财方式，从而取得了较好的理财效果。

"杯子哲理"告诉我们，理财中的固执、马虎和懒惰行为只能使你越来越贫穷。积极借鉴"机灵鬼"式的理财方式，转变理财观念，调整和优化家庭的投资结构，让新鲜雨水不断注入你的杯子，这样，你才能离有钱人越来越近。

你我无间，但要有分寸

　　真正掌握分寸感的方法，也许需要你自己去体验。但千万种方法，最终都只是指向一个目的：你和他人达到彼此都舒服的状态。愿今后，聪明如我们，都懂分寸，但不逾矩，为人热情，但不过于热情，恰如其分地站立，把一切交给时间和彼此，然后顺其自然。

赞美有分寸，让人际交往更顺利

1

你了解你周围的每一个人吗？他们具备哪些长处和短处你知道吗？你每天有没有看到周围的一些细微变化呢？你是否看到别人哪怕是一丁点儿的改变呢？很多人都精通赞美之词，但是，大多数人却不愿从小事上去赞美别人，只是认为遇到大事、重要的事时，才有赞美的必要。事实上，这是现实生活中的重重障碍遮住了他们的视线，让他们看不到小事也有值得赞美的闪光点。

出现这样想法的首要原因就是人与人之间的分工不同，责任不同，使人们认为别人所做的事、所取得的成绩都是分内之事，是"应该"的，没有赞美的必要。在这种心理驱动下，很多人都不能正视别人的小成绩。还有些人是胸怀"治国济天下"的"大志"，但却眼高手低，对眼前的"小打小闹"不以为然，认为那些事只是普普通通的，没什么了不起，小菜一碟，形同虚无。这些态度都是因为我们不懂得赞美的分寸造成的。

如果单纯就小事而论，它的确没有相当重要的意义。但如果我们用辩证法的观点去考察，就会发现一件小事往往会引发大事，几件小事累积在一起，就可能产生出人意料的事。

一位巡警在巡逻时发现仓库门口的灭火器坏了，及时告诉了总经理。总经理很快就安排相关人员布置了新的灭火器。此后谁也没有将这件事放在心上。然而半年后的一天，库房因电线短路突然起火，幸好灭火器能使用才及时扑灭。忙乱中，总经理首先想到的就是那位细心的巡警。如果他没有发现灭火器坏了，就不能及时更换，现在也无法使用，那么库房可能就完了，公司也保不住了。于是，总经理赞美了这位巡警，并代表公司向他致谢，号召全体员工向他学习。

千里之堤，溃于蚁穴，一滴水珠都可以拯救沙漠中的迷路者，可见小事不可小视。

要学会赞美别人，改善你的人际关系，就要学会从小事开始赞美别人，做一个有心之人，善于发掘赞美的材料，看到小事背后的重大意义。小事需要发掘，需要加工，如此才能产生神奇的效果。如果你没有一双识别它们的慧眼，它可能就会永远被埋在琐碎之中。

实际上，我们的生活就是由无数的小事和有数的大事组成。如果我们只是睁大眼睛注视大事，忽略小事，那么你是否发觉生活在很大程度上是空虚的呢？相反，如果我们都能去关注发生在自己周围的一些小事，去发掘一滴水中的世界，那么在彼此的赞美声中，我们所获得的就是世间荡漾着的温情。

2

不过，赞美别人也不是张张口、说说好话就能达到目的，尤其是在赞美一些小人物、小事件时，更要有一个分寸。高帽尽管好，可尺寸也要合乎规格才行，滥戴过重的高帽只能适得其反。如果别人发现你言过其实时，常常会因此感到自己受到了愚弄。所以即使不去恭维，也不要夸大无边。

赞美人的方式各种各样，而且是千变万化，在嬉笑怒骂间甚至都能收到出奇的效果，从而增进朋友间的友谊，获得良好的人际关系。而要达到你期望的目的，就要于细微之处下功夫，不忽略你身边每一件值得赞美的小事。

赞美是件好事，但却并非一件简单的事。一般来说，如果你不喜欢某个人，有个简单的方法可以改变你对他的态度，那就是寻找他的优点。而且你也一定会找到一些的。一旦你发现了他人身上具备某些优点或才能，你也就对他"另眼相看"了。

对一个事业有成的女人来说，如果你经常夸她有能力、有才干，她几乎每天都听到这样的赞美，你再怎么费力地赞美她，她也不会觉得有什么特别。但如果你对她说："你的眼睛非常迷人，你不论坐着、站着还是走路的时候，都是风度翩翩。"相信她一定会喜上眉梢，认为你是一个很有眼光的人。

法国总统戴高乐在1960年曾访问美国。在一次尼克松为他举行的宴会上,尼克松夫人费了很大的心思布置了一个鲜花展台:在一张马蹄形的桌子中央,鲜艳夺目的热带鲜花衬托着一个精致的喷泉。

戴高乐将军一眼就看出这是主人为欢迎他而精心制作的,不禁赞不绝口:"女主人真是用心,你一定花了很多时间来进行漂亮、雅致的计划与布置。"尼克松夫人听后,喜悦之情溢于言表。

也许在其他人看来,尼克松夫人布置的鲜花展台不过是她作为一位副总统夫人的分内之事,没什么值得赞美的;但戴高乐将军却能领悟到她的苦心,并因此向夫人表示了特别的肯定与感谢,从而也使尼克松夫人异常高兴。

称赞一个人时,与其称赞她最大的优点,不如发现她最不显眼,甚至连她自己也未曾发现的优点。因为她最大的优点已成为她性格中的一部分,在任何人看来都已是不足为奇的了。如果经常称赞一个人这样的优点,可能会让这个人产生反感;而那些小小的优点,因为从未或很少有人发现,因此也就弥足珍贵。

而你的发现与称赞为对方增添了一分对自己的认识,也增加了一次重新评估自己价值的机会。同时,你不同凡响的观察力还会获得对方的器重。

3

在人与人的交往中，任何人都喜欢被人赞美、奉承。

第一次世界大战结束，德意志帝国惨败，皇帝威廉二世顿时成了全世界最被讨厌的人，连自己的国民也都与他为敌。正当他准备亡命荷兰时，却意外地收到了一位少年的来信，信中充满了稚嫩的赞美词："不管别人怎样想您，我永远都爱您！"

威廉二世看了这封信，异常感动，立即给这位少年回信，希望能与他见面。少年的母亲带着他会见了威廉二世，最后还意外地促成了皇帝与少年母亲之间的一段美好姻缘。

每个人都不会拒绝别人真诚的赞誉之词，包括领导。但赞美之词一定要有闪光的地方，不可流于世俗。拿破仑对于奉承一向很反感，这一点他的士兵都知道。然而有一个聪明的士兵却对拿破仑说："将军，您是最不喜欢奉承话的，您真是位英明的人物！"拿破仑听后不仅没有斥责他，反而还十分自豪。

这位士兵之所以赞美成功，就是因为他了解了拿破仑的脾气秉性，深知他讨厌奉承的话；但他又很聪明，准确地赞美了拿破仑的"闪光点"。

事实上，世界上没有人对别人的赞美无动于衷，只不过有人会赞美他人，有人不会赞美而已。大文豪萧伯纳曾说过：
"每次有人吹捧我，我都头痛，因为他们捧得不够。"可见，高
帽子是人人爱戴的，关键是赞美的人能不能抓住赞美对象的
"闪光点"而已。

学会恰当的幽默，你便玩转了人生

1

钱钟书的《围城》中，描述过这样一个场景：

"甲板上只看得见两个中国女人，一个算不得人的小孩
子——至少轮船公司没当她是人，没有让她父母为她补买船
票。"

这里再列举一个钱钟书先生的例子。

他曾写过这样一段文字：

"晚清直刮到现在的出洋热那股狂风并非一下子就猛得飞
沙走石，开洋荤当初还是倒胃口的事……"

这里把抽象的"社会风气"的"风"比喻为自然现象中的"风"，只有这样才能刮得飞沙走石，既形象又风趣，没有大张旗鼓地幽默，但是幽默的味道早已从字里行间显露无遗。

培养机智、敏捷的洞察力，是提高幽默的一个重要方面。只有迅速地捕捉事物的本质，以恰当的比喻、诙谐的语言，才能使人们产生轻松的感觉。当然在幽默的同时，还应注意，重大的原则总是不能马虎，不同问题要不同对待，在处理问题时要极具灵活性，做到幽默而不俗套，使幽默能够为人类精神生活提供真正的养料。

司马迁在《史记·索引》中曾经把"滑稽"解释为"能乱同异"，即通过巧妙的联想，把客观事物之间的"三分之一或四分之一相似转变为全部相等"。这种"化异乱同"或者偷换概念就能造成一种"机智的幽默"。

一位少妇对她的丈夫说："亲爱的，住在咱们家对面的那个男的，总是早上出门前吻他的妻子，晚上回家一进门也是先吻她。难道你就不会这样做吗？"

丈夫回答道："当然可以，不过我跟她还不是太熟。"

这个聪明的丈夫巧妙地把自己的妻子换成了对门的少妇，偷换了概念，在不经意间显露出机智的幽默。

违反人们正常思维规律，对事物进行巧妙的解释，或者说出人们意想不到的大实话，都会很好地达到风趣幽默的效果。

一位顾客在一家餐厅吃饭，米饭中的沙子很多，顾客把它们一一挑出来放在桌子上。服务员见此情景很抱歉地说："都是沙子吧？"顾客摇摇头，说："不，也有米饭。"

顾客巧妙地回答，利用违反常人的思维模式，轻松自然地造成了幽默和讽刺的效果。

一个衣衫褴褛的人蹲在积水只有5厘米深的水坑前钓鱼，所有经过的人都认为这个人是个傻瓜。其中一位路过的人不禁动了怜悯之心，他和蔼地对钓鱼的人说："喂，你愿意和我喝一杯吗？"钓鱼的人高兴地接受了他的邀请。他们喝了几杯饮料之后，这个人问钓鱼的人："你在钓鱼，是吗？""是的。""那今天上午你钓到几条鱼呀？""算上你，已经有8条了。"

看似愚蠢的行为却隐含着戏谑的动机，一旦真相大白之后，自然令人捧腹。

机智的幽默含蓄而又婉转，锋利而又忠厚，让人觉得尖利而又不鲜血淋漓，热辣而又不至灼伤。机智的幽默不是哗众取宠，而是一种乐观的人生态度，它使人在逆境中也能乐观面对现实，在顺境中感到忧患。

2

当然，幽默是一种创造性的本领，要随机应变，根据对象、环境以及刹那间的气氛而定，但也需注意凡事都要有个分寸。电影《十五贯》说的就是因一句玩笑引发的悲剧。

尤葫芦喜欢开玩笑，而他的养女苏戍娟却爱较个真。一次，尤葫芦对养女开玩笑说："我已经把你卖了。"不料，苏戍娟信以为真，竟在夜里偷偷逃走了，跑得匆忙，忘了关门，正巧娄阿鼠前来行窃，杀死了尤葫芦。而苏戍娟却被疑为谋财害命而被捕下狱。

这真是："皆由玩笑生，家破又丢命。"如果是别人，听了这个玩笑，撒个娇或回敬个玩笑也就算了，可尤葫芦却不顾养女的性格特点，开了这个"严重"的玩笑，酿成了悲剧。

你拿对方的缺点开玩笑，即使你是无心的也很容易被对方认为你是在冷嘲热讽，倘若对方又是个比较敏感的人，你会因一句无心的话而触怒他，以致毁了两个人之间的友谊。而且这种玩笑话一说出去，是无法收回的，也无法郑重地解释。到那个时候，再后悔就来不及了。

所以，开玩笑活跃气氛固然是好事，但是开玩笑的时候，一定要把握分寸，避人忌讳。因此，应掌握恰如其分的尺度，还要因时、因人、因地和因内容而定，避免误入禁区。

幽默并不是随时随地都可以运用的，应在某些特定的场合和条件下发挥幽默。例如：在一个正式的会议上，当你的下属在发言时,你突然冒出一两句逗人的话,也许大家被你的幽默逗笑了,但发言的那位下属心里肯定认为你不尊重他,对他的发言不感兴趣;另外幽默要高雅,不幽默时无需硬要幽默。如果当时的条件并不具备,你却要尽力表现出幽默,其结果必定是勉为其难,到底该不该笑一笑呢?这会令彼此陷入更尴尬的境地。

一个懂得幽默的人知道,玩笑的趣味很少含在话语本身的台词中,之所以能够成为有趣,完全得看想表现幽默的人是怎样的讲法了。100个人讲同一个幽默故事,可能会有99人要失败。如果你确实想成为一个具有幽默感的人,千万不要假装幽默,而应该努力培养你的悟性,使你无论去到什么地方,都深受欢迎。

3

幽默是智慧的产物。如果把幽默比拟成一个美人,她应该是内涵丰富、艳若桃花、气质如兰的,她应当能给人带来愉悦的享受。她比滑稽更有气质,也更加耐人寻味。

不要不分场合、场所开玩笑。如果场合不对,玩笑不仅无法达到效果,而且还可能受到别人的讪笑,乃至于引起别人的反感。

有种族歧视性以及嘲笑残疾人的笑话都不适当,因为这可能会冒犯到别人。例如,拿别人的生理缺陷开玩笑,这是在故意揭别人的"伤疤"，把自己的快乐建立在别人痛苦的基础之上。

恶作剧可能会导致意外，而且不是每个人都能够接受。例如：捕风捉影，以假乱真，把小道消息作为茶余饭后的笑料，这是种不负责任的低级趣味。

还有就是不要刺伤别人的心。如果玩笑可能刺伤在座的任何一个人的话，你还是不要说出来的好。因为受到伤害的人会因为别人的笑声，内心更为难受，甚至对你产生怨恨。固然，当你事先注意这点的话就不会伤害到任何人，但有时你可能会有所疏忽，说出口后才猛然想：糟了，这个玩笑刺伤了某人！尤其是当你刺伤的对象是在座的中心人物时，还可能引起第三者的不满。

不可用玩笑来蔑视别人的职业。玩笑不应含有蔑视别人职业的成分存在，如果你拿来开玩笑的职业和对方的职业无关的话，那倒还不要紧。例如，你在一个推销员面前开糖果业商人的玩笑。如果你开玩笑的职业正是对方的职业，那就不高尚了。一般人虽未必对自己的职业不满，可是和人谈到自己的职业时，总是要客气一些，以表示自己的职业不如对方。

不要挖苦女性的容貌。若对方是女性的话，尤其是妙龄少女的话，那么你的玩笑只会使得对方感到厌恶而已，对方甚至会对你的人格大打折扣。还有，即绝对不可说出挖苦女性容貌的话来。

不要露出心不在焉的表情。当大家聚集在一起时，人们一定会表现出各种表情，那时，总不能当别人都笑成一团时唯独你板着面孔。板着面孔只不过是心不在焉的表情,因为你不笑会破坏整个场所的气氛。因此,即使你觉得并不够好笑,也应笑一笑,以表示你的赞赏。这本身就表现了你对幽默的融合和理解。一旦大家笑出声后,整个场面的气氛就变得更融洽,大家的心情变得更轻松,接下来一旦你再表现出幽默,则一定会产生更大的效果,最后受惠的还是你自己。

不要错过适当幽默的时机。幽默的效果与把握适当的时机具有密切的关系。当你和别人在谈话中,脑海里突然浮现出一句幽默的话题时,本来你想说出来,然而,你又突然想道:"我说出来会使对方感到好笑吗?"于是犹豫了一下而错失良机。要记住:一有灵感就要立刻毫不犹豫地说出来,否则时机一过,纵使后来说出,效果也要减半了。

巧借修辞提升自己的幽默感。不能一味地模仿,自己必须发挥创意。有些人随时随地举起一只手时,会令人笑出声来。然而你要是照本宣科,就未必令人觉得好笑。

另外,要避开别人的痛处,没有笑声的生活和没有幽默感的女人都是无味的。在人际交往中,开个得体的玩笑,可以松弛神经,活跃气氛,营造出一个适于交际的轻松愉快的氛围。但是,千万不能碰到别人的痛处,如果你拿别人的忌讳开玩笑,恐怕不仅不会起到幽默的效果,还会适得其反。

花要半开，酒要半醉

1

我们身边总是不缺自视清高的人，更不缺狂妄自大的人。他们自恃有才，就好为人师，目中无人，忘记了"山外有山，楼外有楼"的道理。有才华对一个人来说，是件好事，可是如果将此当成骄傲的资本，往往会一事无成。

三国时期，祢衡很有文才，在社会上是非常有名气的，但是，他恃才傲物，从来都不把别人放在眼里。

祢衡经过孔融的推荐，去见曹操。见礼之后，祢衡仰天长叹："天地这么大，怎么就没有一个英雄！"曹操说："我手下有几十个人，都是当今的英雄，怎么能说没英雄呢？"

祢衡笑着说："您错了！您的这些人我都认识，荀彧可以让他去吊丧问疾，荀攸可以让他去看守坟墓，程昱可以让他去关门闭户，郭嘉可以让他读词念赋，张辽可以让他击鼓鸣金，许褚可以让他牧羊放马……"一口气说了曹操手下十几个人名，认为他们都是"衣架、饭囊、酒桶、肉袋"罢了。

曹操听了很生气，说："那你有什么能耐？"祢衡说："天文地理，无所不通，三教九流，无所不晓；上可以让皇帝成为尧、舜，下可以跟孔子、颜回媲美。怎能与凡夫俗子相提并论！"

这时，曹操的部下张辽站在旁边，拔出剑要杀祢衡，曹操阻止了张辽，悄声对他说："这人名气很大，远近闻名。要是把他杀了，天下人必定说我容不得人。"

就这样，曹操没有动祢衡一根毫毛，让人把他送到刘表那儿去了。但祢衡骄傲之习不改，多次奚落、怠慢刘表。刘表又出于和曹操一样的动机，把他送给了江夏太守黄祖。

到了江夏，祢衡当众辱骂黄祖，说黄祖"就像庙宇里的神灵，尽管受大家的祭祀，可是一点儿也不灵验"。黄祖没有那么好的涵养，他下不了台，盛怒之下就把祢衡杀了。祢衡死时不到30岁。

曹操知道后说："我就知道，他摇唇鼓舌，必然招来杀身之祸。"

祢衡短短的一生，没有经过什么大事，我们很难断定他究竟才高几何。然而狂傲至此，即便有孔明之才，也必招来灾祸。可见，自视清高会带来什么样的后果。

2

在一个风景优美、繁密茂盛的森林里，居住着许多动物，不但有狮子、老虎、狼、狐狸等食肉动物，还有蚊子、蜘蛛这样的小生命。

　　有一只蚊子，它每天都在想："在这个王国中，狮子应该是百兽之王了吧，没有比它更有力更强大的动物了。只要我能把它打败，那么我将会成为森林大帝。"

　　经过一番认真的准备，这只蚊子终于向狮王宣战了。它扇动着翅膀飞到狮子面前，对狮子说："狮子，我不怕你，你并不比我强大，不信，咱们较量较量！"

　　可惜蚊子的声音太弱小，狮子根本没听见，仍在那儿悠然地闭目养神。蚊子见了，气得火冒三丈，用尽吃奶的劲儿对狮子喊道："你这只笨狮子，我们比试比试，看你有什么本事？是用爪子抓，还是用牙齿咬，我都比你强得多。"说着蚊子吹着喇叭鼓足了力气向狮子冲去。

　　狮子这下可慌了，觉得脸上奇痒无比，睁大了眼睛瞧，还是看不清蚊子进攻的方向。蚊子恶狠狠地向狮子的脸上咬去，它专咬狮子鼻子周围没有毛的地方。狮子左躲右闪，用力晃动着头，张开血盆大口猛扑向蚊子，只是蚊子小巧灵活，狮子的嘴巴总是咬空，气得它拼命挥动着爪子，一顿乱抓乱挠。尽管如此，狮子还是没有捉住蚊子。

　　蚊子高兴极了，向狮子威胁说："快认输，不然我咬死你。"狮子从来没受过这个罪，它怒吼着扑向蚊子，不过很遗憾，又失败了，气得直乱叫。蚊子趁势又朝狮子发动了进攻，叮得狮子用爪子把自己的脸都抓破了。没办法，狮子落荒而逃。

　　"我赢了！"蚊子得意地吹着胜利的喇叭，唱着欢乐的凯歌飞走了。它一边走一边喊："我战胜了狮子，我才是最了不起的，我要当森林之王。"蚊子得意忘形地飞着，完全忘了四周存在的危险。突然，它自己钻进了一个软软的东西中，身体被黏住了。它挣扎着，想要离开，但是越挣扎黏得越紧。这下蚊子清醒了，原来自己被蜘蛛网黏住了。

蜘蛛凶相毕露地向它爬来，蚊子完全被胜利冲昏了头脑，并没有意识到自己的险境，它大声地对蜘蛛说："蜘蛛，我刚刚打败了狮子，你快放了我，我不屑和你打仗。"蜘蛛听了冷笑道："蚊子，你别白费力气了，不管你曾经打败过谁，现在都是我的俘虏，吃掉你易如反掌，你将成为我的晚餐。"

3

俄国心理学家巴甫洛夫曾说："不要让骄傲支配了你们。由于骄傲，你们会在该同意的时候固执起来；由于骄傲，你们会拒绝有益的劝告和友好的帮助；而且，由于骄傲，你们会失掉客观的标准。"

其实，一个人狂妄自大的程度并不取决于他有多少学问，而是取决于他的态度。也就是说，狂妄的人实际上也许并没有多少学问，往往是自吹自擂，夸夸其谈。他们所表现的高傲、不屑一顾等神态，实际上是一种心灵空虚的补充剂，用以维持其虚荣心。

而作为一个人，尤其是作为一个真正有才华的人，一定要做到不露锋芒，既有效地保护自我，又充分发挥自己的才华，不仅要说服、战胜盲目骄傲自大的病态心理，凡事不要太张狂太咄咄逼人，更要养成谦虚让人的美德。不要把自己看得太了不起，更不要稍有成就便得意忘形，你以为自己绝顶聪明。殊不知树敌太多，凡事必受他人阻挠，到时候吃亏的还是自己。

任何时候都要记得，半开的花最美，半醉的酒才恰到好处。

"放下"那一刻，你学会了成熟

1

汉高祖刘邦的军师张良在辅佐刘邦获得天下之后，便毅然光荣隐退。他向刘邦请求："我是助你成为帝王的军师，蒙恩拜领万户封地，名列公侯。我的任务至此已经完成。从今以后，我要舍弃主俗，漫游仙界。"刘邦应允了他的请求，所以，张良才得以功成身退，安享晚年。

公元前五世纪，在今天的苏杭一带，有吴、越两国。两国虽然相邻，但是为了争夺霸业，互不相让，相互对抗。后来，越王勾践败于吴王夫差之手，不得不逃亡会稽山，忍辱负重与吴国谈和。在几经交涉后，吴国才答应让勾践回国。勾践回国后一直记着所受的耻辱，卧薪尝胆，立誓雪耻。20年后，终于灭亡吴国。而帮助越王成功的就是范蠡。范蠡不但是一个忠心耿耿的臣子，而且是一个理智的智者。

范蠡被任命为大将军后，自忖：长久在得意之至的君主手下工作是危机的根源。勾践这个人臣下虽然可以与他分担劳苦，但是不能与他共享成果。

于是他便向勾践表明自己的辞意。勾践并不知道范蠡的真实意图，于是拼命挽留他，但范蠡去意已定，搬到齐国居住，自此与勾践一刀两断，不再往来。

移居齐国后，范蠡不问政事，与儿子共同经商，很快成为富甲一方的大富翁。齐王也看中他的能力，想请他当宰相。但他婉言谢绝。他深知"在野而拥有千万财富，在朝而荣任一国宰相"，这确实是莫大的荣耀。可是，荣耀太长久了反而会成为祸害的根源。于是，他将财产分给众人，又悄悄离开了齐国到了陶地。不久后他又在陶经营商业成功，积存了百万财富。

可见范蠡才智过人，并具有过人的洞察力。他之所以离开越国，拒绝齐王的招聘，以及成功地经营事业，这些都在于他深刻敏锐的洞察力。

有一句成语叫"明哲保身"，明哲就是指深刻的洞察力，即发挥深刻的洞察力来保全自己。

范蠡正是这种能够明哲保身的人。

2

"功成身退"的思想在今天对许多人来讲已经不太灵验。它会使人失去积极的进取心，满足于现状，"当一天和尚撞一天钟"。这是其糟粕之处。

事实上，这里提出的"功成身退"仅是一种退守策略，是指一个人能把握住机会，获得一定成功后，急流勇退，将一切名利都抛开，这样才合乎自然法则。因为无论名或利，在达到顶峰之后，都会走向其反面。

现在的人把明哲保身和但求无过联系在一起，实际上是不恰当的。

前者是一种积极而充满智慧的处世方式，而后者则是一种消极被动的处世方法，二者具有本质的区别。

明哲保身的人可以像范蠡那样用自己的洞察力去应付世事，从而获得成功；而但求无过的人只能处处受别人的左右，从而不但丧失自己的个性，而且也不会获得事业的成功。

所以这里说的见好就收，只是提醒大家不要太执着；人们常常执着一些东西来过日子，可是一旦持有执着的心情，就无法真正自由地生活，也无法用顺应的思维来谋求自我实现。

3

如果过分执着一件事，会变成什么样子呢？

一位大学考试失利的青年，被母亲带来见少林寺的方丈。这位青年为了就读一流大学，从小就努力用功，可是，一流大学的围墙太厚，他连连失败，结果便想吃安眠药自杀。

青年的脑袋里面，因为有不入一流大学宁可死的想法，所以思考便陷入执着。考取一流大学是他人生目标，只要能争取，万事都可一帆风顺。总之，他太过于执着要进一流大学的想法，所以在经过几次的挑战失败后，由于自己无法超越这层障壁，因此只好选择死亡。

执着心往往会使自己的视野变狭窄，其实一流大学并不是人生的全部，如果不这样想，自己很多坚强的想法都会一一失去，走上极端以后，就会像这位青年一样，选择自杀的方法，以否定自我。那是因为执着心，使自己的心硬化起来的缘故。所以人必须放弃执着心，看淡、看开，退一步海阔天空。

只有先征服自己，才能征服别人

孔子曾经说过：君子慎独。即真正的君子，要在没有他人监督的情况下，严格地约束自己，不能做出背离礼法及伦常的事来。

人们在独处的时候，更应当学会自持和自制。今天，人们有了越来越大、越多的自由，有了更多的机会和表现自己的空间。也正是在这种情况下，自持和自制便显得尤为重要。

如果我们要明确规定什么是自持和自制，那么，也就是自己给自己立法，并以此来约束自己，提高自己的自持与自制力。

古代人讲究"慎独"。在很多时候，人们往往都是被一些客观的因素和伦理法则被动地约束，而能在独自一人、无他人在场监督时也自觉地遵守严格的律条。它所要求的是不仅在公共场合，而且在独处时都能够服从某种伦理观念和法律规范。对这种自律的服从程序，反映了一个人自制力的大小。

曾国藩说："故能慎独，则内省不疚，可以对天地，质鬼神，断无行有不慊于心则馁之时，人无一内愧之事，则天君泰然，此心常快足宽平，是人生第一自强之道，第一寻乐之方，守身之先务也。"

不可否认，人生本性是趋利避害，然而人生行为却必须框

定在符合仁德礼义的规范之中，一个以仁德品性作为人生修养
基础的人，在其人生行为过程中，就应坚守自己的德行操练，
诚其意者，只有道德品性修养差的人，才会自欺欺人，闲居时
才做不道德的事。对于一个道德品性修养高的人来说，有人无
人都一样，他始终不断地克制自己的欲望，以至于不做出任何
一点违反道德的事。

在孔子的理想人格塑造中，自知、自爱是君子所应具备的
基本素质。自知就是知道自己的不足，自爱就是爱护自己的仁
德，在人生行为实践中，就外化为慎独。君子自知不足而不骄
不躁，君子自爱其身而谨小慎微。君子慎独，就能见仁德于细
微之处，制恶欲于无人之境。君子慎独就要做到："勿以恶小
而为之，勿以善小而不为。"

儒学强调"君子慎其独"就是要求人们在其人生行为修养
过程中自我磨炼，认识到加强人生自我修养的重要性。人生行
为实践的一切得与失、功与过、善与恶、好与坏全在自己。

儒学要使人明白的就是："君子之自行也，敬人而不必见
敬，爱人而不必见爱。敬爱人者，己也；见敬爱者，人也。君
子必在己者，不必在人者也。"

2

一个道德品性高尚的人的自我行为修养，应在于尊敬他人
而不必要求他人的尊敬，亲爱他人而不必非得被他人所爱。尊

敬、亲爱他人，是自己的事；被人尊敬、亲爱，是他人的事。
要成为一个有高尚道德品性的人只有靠自己的努力，而不依赖
于他人，也不显见于他人。正因为人生行为修养是自己的事
业，所以，君子慎独便具有完善一个人全部品性的意义。

宋儒程颢说："君子所不可及者，其唯人之所不见乎！
《诗》曰：'相在尔室，尚不愧于屋漏。'君子慎独。"一个具
有高尚道德品质的人，就是在别人看不见的时候，也不去做不
道德的事。如《诗经》所说："相互同处在别人的房间里，君
子也不会因为房屋漏而常常感到惭愧。心中无杂念，方能慎重
地以德行规范来约束自己的行为。"一个人只要心中无愧，心
怀赤诚，无论身在何处，都无须顾及周围的环境状况。只有心
怀私欲的人，才总去担心别人发现自己的不善行为，故而顾虑
重重，忧心忡忡。

君子慎独的核心，在于人生行为修养中，坚定自己的内心
信念与良心尺度，重在自己道德意识约束力的增强。因此在儒
家们看来，慎独之道，重在养心，使人心能知善知恶。同时见
于言行，使言行始终恪守在善道之中。

君子慎其独，历来是儒学倡导为人所应达到的道德行为境
界，也是历来仁人君子所极力推崇的一种思想人格。

东汉时期，官至侍御史的雷义，曾经把一个人从死罪中解
救出来。这个人后来用两斤黄金感谢雷义的救命之恩，雷义坚
决拒收。他就趁雷义不在时，悄悄把两斤黄金放在雷义家的天
花板上。多年以后，雷义修理房子时才发现，这时送黄金的人

已经死了，这事自然无人知晓，但当雷义无法将黄金归还送他的人时，雷义就毅然将黄金交给了当地官府。

这种高风亮节之举，是难能可贵的。一个人的优秀品质的养成，全在于自己修炼的功夫与自己人生行为修养的实践。

美国著名的科学家、政治家和作家富兰克林在青年时代就为自己订立了十几条规则，其中包括节制，即食不过饱、饮酒不醉、沉默寡言、俭朴等等。显然，当我们有了这样一种对自己的约束，并且能够始终如一地去遵守，是对自身品格的一种修炼。

在人生中，一个人真正做到无论在何时何地，都用一定的社会道德规范来自觉地严格约束自己，这个人就必能自觉地以他人好的行为作为自己的人生行为的借鉴，就能扬善避恶，就能始终洁身自好，身正而令行，言行一致。

心若有容，天地自大

1

春秋战国时期的宓子贱，是孔子的弟子，鲁国人。有一次齐国进攻鲁国，战火迅速向鲁国单父地区推进，而此时宓子贱正在做单父宰。当时正值麦收季节，大片的麦子已经成熟了，不久就能够收割入库了，可是战争一来，这眼看到手的粮食就会让齐国抢走。当地一些父老向宓子贱提出建议，说："麦子马上就熟了，应该赶在齐国军队到来之前，让咱们这里的老百姓去抢收，不管是谁种的，谁抢收了就归谁所有，肥水不流外人田。"另一个也认为："是啊，这样把粮食打下来，可以增加我们鲁国的粮食，而齐国的军队也抢不走麦子作军粮，他们没有粮食，自然也坚持不了多久。"尽管乡中父老再三请求，宓子贱坚决不同意这种做法。过了一些日子，齐军一来，把单父地区的小麦一抢而空。

为了这件事，许多父老埋怨宓子贱，鲁国的大贵族季孙氏也非常愤怒，派使臣向宓子贱问罪。宓子贱说："今天没有麦子，明年我们可以再种。如果官府这次发布告令，让人们去抢收麦子，那些不种麦子的人则可能不劳而获，得到不少好处，单父的百姓也许能抢回来一些麦子，但是那些趁火打劫的人以后便会年年期盼敌国的入侵，民风也会变得越来越坏。其实单父一年的小麦产量，对于鲁国的强弱影响微乎其微，鲁国不会因为得到单父的麦子就强大起来，也不会因为失去单父这一年的小麦而衰弱下去。但是如果让单父的老百姓，以至于鲁国的老百姓都存了这种借敌国入侵能获取意外财物的心理，这是危害我们鲁国的大敌，这种侥幸获利的心理难以整治，那才是我们几代人的大损失呀！"

宓子贱自有他的得失观。他之所以拒绝父老的劝谏，让人侵鲁国的齐军抢走了麦子，是认为失掉的是有形的、有限的那一点点粮食，而让民众存有侥幸得财得利的心理才是无形的、无限的、长久的损失。得与失应该如何取舍，宓子贱做出了正确的选择。要忍得了小失、一时的失，才不会有大失、长久的失，才能有得。

2

中国历史上很多先哲都明白得失之间的关系。他们看重的是自身的修养，而非一时一事的得与失。春秋战国时期的子文，担任楚国的令尹。这个人三次做官，任令尹之职，却从不喜形于色，三次被免职，也怒不形于色。这是因为他心里平静，认为得失和他没有关系了。子文心胸宽广，明白争一时得失毫无用处。该失的，争也不一定能够得到，越得不到，心理越不平衡，对自己毫无益处，不如不去计较这一点点损失。

患得患失的人是把个人的得失看得过重。其实人生百年，贪欲再多，官位权势再大，钱财再多，也一样是生不带来死不带走，处心积虑、挖空心思地巧取豪夺，使一个人变得心胸狭隘，斤斤计较，目光短浅。而一旦将个人利益的得失置于脑后，便能够轻松对待身边所发生的事，遇事从大局着眼，从长远利益考虑问题。

南朝梁人张率12岁时就能做文章，天监年间，担任司徒的职务。他喜欢喝酒，在新安的时候，他曾派家中的仆人运3000石米回家。等运到家里，米已经耗去了大半。张率问其原因，仆人们回答说："米被老鼠和鸟雀损耗掉了。"张率笑着说："好大的鼠雀！"后来始终不再追究。张率不把财产的损失放在心上，是他的为人有气度，同时也看出来他的作风。粮食不可能被鼠雀吞掉那么多，只能是仆人所为，但追究起来，主仆之间关系僵化，粮食还能收得回来吗？粮食已难收回，又造成主仆关系的恶化，这不是失的更多、更大吗？

同样，唐朝柳公权在唐文宗时仕翰林学士。他家里的东西总是被奴婢们偷走，他曾经收藏了一筐银杯，虽然筐子外面的印封依然如故，可其中的杯子却不见了，那些奴婢反而说不知道。柳公权笑着说："银杯都化成油了。"他从此不再追问。

3

也许一个人可以做到虚怀若谷，大智若愚，但是事事吃亏，总觉得自己在遭受损失，渐渐地就会心理不平衡，于是就会计较自己的得失，再也不肯忍气吞声地吃亏，一定要分辩个明明白白。结果朋友之间，同事之间是非不断，自己也惹得一身闲气，而所想得到的也照样没有得到，这是失的多还是得的多呢？

《老子》中说："祸兮福所倚，福兮祸所伏。"得到了不一定就是好事，失去了也不见得是件坏事。正确地看待个人的得失，不患得患失，才能真正有所得。人不应该为表面的得到而沾沾自喜，认识人，认识事物，都应该是认识根本。得也应得到真的东西，不要为虚假的东西所迷惑。失去固然可惜，但也要看失去的是什么，如果是自身的缺点、问题，这样的失又有什么值得惋惜的呢?